KB024569

맹씨 가족의 크로아티아 365일

맹씨 가족의 크로아티아 365일

초판 1쇄 발행 2018년 1월 25일
글·사진 맹주성·맹주형·맹완영·이혜정

펴낸이   김선기
펴낸곳   (주)푸른길
출판등록 1996년 4월 12일 제16-1292호
주소   (08377) 서울시 구로구 디지털로 33길 48 대륭포스트타워 7차 1008호
전화   02-523-2907, 6942-9570~2
팩스   02-523-2951
이메일   purungilbook@naver.com
홈페이지 www.purungil.co.kr

ISBN   978-89-6291-437-5 03980

일하며 배우며 여행하며 ───────────●

맹씨 가족의
크로아티아 365일

맹주성, 맹주형, 맹완영, 이혜정

푸른길

차례

자그레브 ★

우리의 여행은 이렇게 시작되었다

어머니의 일기(2015. 6. 1)

드디어 확정이 되었다. 크로아티아에서의 1년이. 지난해부터 가 볼까, 갈 수 있을까, 애들과 집은 어떻게 하고 가지, 하던 일들은 어떻게 하고 가지 등 여러 가지 문제들과 함께 흥분과 설렘을 안겨 주었던 크로아티아에서의 1년이 현실로 다가온 것이다. 가장 고민이 되었던 문제는 애들의 동행이었다. 둘 다 '학생 신분으로' 1년을 휴학하고 갔다가 돌아왔을 때 학업이나 취업에 어려움을 겪으면 어떻게 하나 했는데 의외로 둘 다 흔쾌히 가겠다고 동의를 했다. 우리를 기다릴 흥미진진한 여행과 새로운 음식을 어떻게 마다할 수 있을까 …… 1년이라는 시간의 단절 뒤 나중에 후회를 하면 어쩌나 하는 갈등도 있었는데, 더 큰 걸 얻어서 돌아올 거라는 믿음을 갖고 발을 내딛었다.

새벽 4시에 한국 집 현관문을 나섰다. '이민가방'과 캐리어에 내 악기와 각자의 배낭까지 우리의 짐은 무거웠지만 새로운 세계를 향한 발걸음은 가벼웠다. 가방을 부치고 발권을 하고 게이트를 통과해 비행기 좌석에 앉으니 드디어 실감이 나기 시작했다. 몇 달간 가방을 싸고, 집을 정리하고, 은행이나 통신사와 차량과 애들 학교 문제까지 정리하다 보니 피곤이 누적되어 나나 남편이나 신경이 곤두서 있었다. 1년을 떠나 있으려니 일이 많은 게 당연한데, 힘든 게 당연한데, 그래도 스트레스 지수는 최고치를 찍었다. 식구들의 마일리지를 모두 모아 나와 남편은 비즈니스석에 앉고 애들은 이코노미로 가게 해 조금 미안하기도 했지만 비즈니스석이었기에 가방을 더 가져갈 수 있었다. 난생처음 앉아 보는 비즈니스석에서 우리 부부는 촌티를 팍팍 내며 사진을 찍어 댔다.

 다시 보는 나의 지난 일기의 구절들이다. 새로운 곳, 새로운 사람들 그리고 새로운 음식에 대한 끝없는 호기심과 갈망이 우리 식구들을 그곳으로 이끈 듯하다. 아드리아해변이 아름다운 크로아티아의 자그마한 도시들, 바로 옆집인 슬로베니아 그리고 조금 더 옆 동네인 오스트리아와 세르비아, 헝가리, 한참 옆 동네인 불가리아와 루마니아 그리고 신들의 나라 그리스, 역시 오랜 역사의 나라 독일과 이탈리아 등 한국에서라면 몇 년에 걸쳐도 다 섭렵하기 힘든 많은 나라들을 차로 비행기로 열심히 돌아다녔다. 지도를 펴 놓고 다음 여행지는 어디로 할지 루트는 어떻게 하고 숙소는 누가 예약할지를 정했던 생활이 일상이었으니까.

그때로 다시 돌아갈 수 있을까…… 아마도 힘들겠지. 그래서 책을 만들자고 의기투합했다. 장성한 아들 둘(군대 막 제대한 큰 아들 맹주성과 대학 1년 마치고 군대 가려고 휴학한 작은 아들 맹주형)과 50대 부부가 1년을 꼬박 같이 생활하고 여행하는 경험은 흔하지 않을 듯해, 우리의 이야기에 도움을 받으실 분이나 우리의 좌충우돌 모습에 마음이 따뜻해질 분도 계실 듯해 책을 만들어 보기로 했다. 막상 책으로 얘기를 엮어 내려니 좀 더 적극적으로 사진도 많이 찍어 두고 정보도 수집해 놓을걸 하는 아쉬움이 남는다. 단기간 여행자의 마음이 아닌 현지인의 마음으로 생활하다 보니 매일 보게 되는 여러 장면이 그저 일상인 듯 별로 특별하게 다가오지 않아 그런 듯하다.

1년 동안 정서적으로 많이 교감하게 된 우리 네 식구. 때론 갈등도 오해도 있었지만 결론은 항상 우린 서로 사랑하는 가족이라는 것이었고 그거면 모든 게 이해되고 용서되었다. 1년 동안의 우리의 모습을 책으로 영원히 간직하고 싶은 마음으로 글을 쓰고 사진을 추리고 회의를 하면서 작업을 했다. 이 책은 우리 가족에게 큰 보물이 되지 않을까 싶다. 떨리면서도 기쁘다.

(이혜정)

1. 크로아티아에서 1년 살 준비

크로아티아에서 살 준비하기

막상 크로아티아에 가는 것이 확정되니 무엇부터 준비해야 할지 아무런 생각이 들지 않았다. 집은 어떻게 하고 가야 하나 가전제품은 꺼야 하나 우편물 수령은 누가 하고 세금은 어떻게 내고 결정적으로 무엇을 가지고 가야 하나.

다행히 친정 부모님이 대전에 사셔서 1년 동안 집을 관리해 주시기로 했다. 가끔 오셔서 화초에 물도 주시고 환기도 해 주시고 우편물도 정리해 주신다고 하셨다. 딸은 시집을 보내도 평생 AS를 해 줘야 한다는 말이 맞는 것 같다. 냉장고는 회사와 통화한 결과 약하게 틀어 놓고 가는 것이 고장 날 확률이 적다는 결론을 내렸고 핸드폰은 정지시켰고 가구에 먼지 방지용 커버를 만들어 씌어 놓았다. 이제 무엇을 가져가고 무엇을 안 가져가도 되는지가 문제였다. 가서 사려면 다 돈이기에 가져갈 수 있는 건 가져가자고 마음을 먹고 짐을 싸기 시작했다.

크게 전기용품과 먹거리, 책과 화장품 그리고 옷으로 나누었다. 전기용품 중 가져가길 잘 했다고 생각되는 것은 전기요와 전기밥솥이다. 한국과 달리 바닥 난방이 아닌 라디에이터 난방이고 난방비가 비싸기에 자그레브의 큰 집 전체를 따뜻하게 만들긴 힘들었다. 잠잘 때 온도를 높여도 공기만 훈훈할 뿐이어서 바닥이 따뜻해야 하는 우리에겐 전기요가 아주 유용했다. 게다가 크로아티아에선 전기요를 살 수도 없었다.

전기밥솥도 아주 유용했다. 우리 식구는 밥 없는 식탁은 생각할 수도 없기에 챙겨 간 전기밥솥을 아주 잘 쓰고 왔다. 먹거리는 고춧가루와 미역 그리고 멸치와 김, 깨와 시래기를 가지고 갔다. 자그레브에 한인 식품점과 아시안 마켓이 있긴 한데 아무래도 한국만 못한 것 같았다. 특히 시래기는 여유 있게 가져가 1년 내내 맛있게 잘 먹었다.

책은 무게도 많이 나가고 부피도 커서 꼭 필요한 책 몇 권만 가방에 넣었다. 크로아티아에선 당연히 한국 서적을 구할 수 없기에 우리는 e-book을 적극 활용하기로 하고 필요한 책을 e-book에 넣어 갔다. 그래도 역시 책은 손에 들고 읽어야 제맛인 듯하다.

화장품은 당장 쓸 제품만 가져가도 무방하다. 독일계 상점인 DM과 자그레브 유일의 백화점 뮬러에 가면 많은 화장품이 있고 가격대도 괜찮은 편이다. 크로아티아는 화장품 규제가 엄격해서 안전한 성분이 들어 있는 제품만 유통한다고 하니 화장품은 현지에서 구매해도 좋을 듯하다.

가장 가져가야 할 품목은 약이다. 내가 약국을 했었기에 약 가격에 관심이 많았는데 크로아티아 약 가격은 상당히 비싸다. 일례로 두통에 먹는 20정짜리 아스피린이 한국에선 3500원 정도였는데 자그레브에선 6000원이 훌쩍 넘고 가려움에 바르는 연고는 10000원, 파스는 낱장 안 상싸리가 5000원이어서 기겁을 하기도 했었다. 코감기약을 달라 하니 먹는 약은 없다고 뿌리는 약만 주기도 했다. 가격도 비싸고 원하는 약을 사기도 힘들다. 크로아티아가 가지고 있는 제약회사가 없다고 하더니 그 영향인가…. 아무튼 크로아티아에 갈 때는 약을 확실히 챙겨 가기를 권한다.

또 하나 정말 가져가야 할 것 중 하나는 안경과 렌즈다. 큰애가 안경이 파손되어 새로 장만을 해야 했는데 몇 군데 안경점을 돌아봐도 한국보다 3배나 비싼 가격을 부르는 것이었다. 우리가 외국인이어서 바가지를 씌우는 것인가 오해도 했었는데 한국은 중소기업에서 안경렌즈를 많이 만들기에 비교적 저렴한 가격이 형성되어 있는 반면 크로아티아는 자체 제작할 수 있는 공장이 없어 수입을 해 오기에 비쌀 수밖에 없다고 한다. 결국 한국에서 안경을 배송 받았고 그래도 현지에서 사는 가격의 절반밖에 안 들었다.

또 하나, 일회용장갑과 고무장갑을 꼭 가져가야 한다. 음식을 양념할 때나 김치를 꺼낼 때 유용한 일회용장갑을 자그레브슈퍼에서는 구할 수가 없다. 왜 안 파는지는 모르겠다. 고무장갑은 구할 수 있으나 품질이 너무 떨어진다. 비닐이나 플라스틱제품 같은 공산품은 품질도 떨어지고 가격도 비싼 편이다.

스파브랜드 옷이 자그레브에도 많이 있어서 젊은 층은 옷 사는 데 크게 어려움이 없다. 단 같은 브랜드라 하더라도 스타일이 한국과는 다르다고 하니 참고하시길. 그래도 우리 애들은 잘만 사 입는 듯했다. 큰 문제는 부모세대인 것 같다. 일단 가격이 한국보다 비싸고 체형이 다르니 옷 사는 것이 수월치 않다. 그래서 나와 남편도 1년 동안의 크로아티아 생활에 양말만 몇 켤레 사는 것에 그쳤다. 그렇지만 신발은 한국보다(브랜드의 경우) 저렴해서 유명 브랜드신발이나 리미티드 제품들은 쇼핑하는 재미가 있다. 나는 자그레브에서 사온 부츠를 한국에서 주구장창 신고 다니며 한 켤레 더 사오지 못한 걸 아쉬워하고 있다.

나머지 전기제품이나 일반적인 먹거리는 크로아티아에서도 쉽게 구할 수 있고 특히 이탈리아 식재료 중 올리브 오일과 파스타는 아주 좋은 제품이 많다. 한국에서 구하기 힘든 생파스타도 많이 있고 송로버섯(트러플)은 특히 크로아티아가 산지이기에 많이 드시길 추천한다.

자그레브에 살면서 한국 라면과 어묵과 콩나물을 먹는 럭셔리 식생활을 하기 위해서는 온라인 마트도 적극적으로 이용하는 것이 필요하다. 자그레브의 한국 식품점(2016년 12월 현재 폐업)은 규모도 작고 떨어진 물건도 많아 몇 번 헛걸음을 한 뒤 떡국을 먹고 싶다는 일념으로 인터넷을 뒤져 독일의 한국 식품점을 뚫어 배송을 받았다. 떡국 떡과 당면 라면과 단무지 그리고 콩나물과 어묵과 냉동만두를 받아 들고 부자가 된 듯 행복했던 기억이 난다.

독일에서 배송 받아 진열해 놓은 라면들

독일 온라인마트와 한국에서 공수 받은 라면이 벽장 장식품이 될 정도로 자그레브에서 라면과 한국 식재료는 귀하고 소중한 것이었다. 자그레브에서 우리식구들은 '라면이나 간단하게 끓여 먹을까?'라는 말은 할 수가 없었다. 그랬다가는 나한테 구박을 당할 테니까.

(이혜정)

유럽에서 1년 탈 자동차 구하기

유럽 대륙을 휘저으며 자동차 여행을 다니는 것은 크로아티아에 입국하기 전부터 가진 우리 가족의 로망 중 하나였다. SUV 차량 트렁크에 식재료와 옷가지를 가득 싣고 독일의 로만틱 가도도 달려 보고 흑해까지 발칸을 횡단해 보기도 하고 ……. 모쪼록 이런 꿈만 같은 일이 곧 실현될 거라는 생각에 1년간 이용할 자동차를 구하는 과정은 상당히 흥분되었다.

막상 입국해서 알아보면 너무 늦을 테니, 한국에서 차를 장만하는 방법에 대해 조사해 보았다. 네 가지 선택지가 있었다. 첫째 중고차 구매 후 재판매, 둘째 장기 렌터카, 셋째 외국인을 위한 장기 리스 프로그램, 넷째 신차 구매 후 국내에 들여와 사용하기 등이 우리가 고려했던 방안이다.

차에 대해 전문지식이 부족하고 언어 소통이 원활하지 않은 우리가 외국에서 중고차를 매입/매매한다는 것은 상당히 위험 부담이 있는 일이었고, 1년간 렌트에 긍정적으로 응해 주는 업체도 적었다. 소수의 업체만이 가격 상담을 해 주었으나, 가격도 SUV는 하루 30유로대 이상이었으며 보험은 또 별도였다. 현지에서 외제차, 가령 BMW를 사서 한국으로 가져가는 것이 한국에서 BMW를 살 때보다 돈이 많이 든다는 사실도 크로아티아에 와서 알게 되었다. 결과적으로 우리는 프랑스의 자동차 회사 시트로엥Citroen에서 운영하는 외국인 전용 리스 프로그램을 이용했고, 상당히 만족스러운 자동차 여행을 할 수 있었다.

프랑스의 자동차 3사Citroen, Peugeot, Renault는 각각 외국인 전용 자동차 리스 프로그램을 운영하고 있다. 실 주행거리 10km 미만의 신차를 외국인에게 최소 21일에서 350일까지 빌려주고, 프랑스 정부에 본인 명의의 정식 차량 소유

시트로엥 C4 피카소_ 밀라노에서 빌려 1년간 28000km 달린 우리 가족의 발.

주로 등록해 주며 부가세(19.6%) 면세 혜택까지 주니 상당히 매력적인 조건
이다. 유럽에 거주하지 않는 순수 여행객, 한시적으로 학업이나 연구를 위해
거주하는 외국인, 출장 및 파견을 나온 외국인으로 최소 21일 이상 빌려야 하
는 등 사용 자격이 제한되기는 한다. 우리는 한국 총판(시트로엥 유로패스)을
통해 예약 및 계약을 진행했으며, 인기가 좋은 자동기어 차량이 일찍 동이 나
지는 않을까 노심초사했다. 실제로 몇몇 차종은 수령 6개월 전부터 예약이 마
감된다고 하니 우리 같은 게으름뱅이(어머니는 제외)가 무사히 차량을 사수
했다는 것은 큰 운이 따라 준 일이리라.

　장기 리스로 마음을 굳힐 수 있었던 가장 큰 이유는 절차와 가격 때문이었
다. 우리는 시트로엥 C4 피카소라는 차량을 이용했으며 자동기어에 매립형
유럽 내비게이션 옵션을 선택했는데, 316일 동안 6646유로를 지불했다. 하루
에 21유로꼴이며 이는 픽업, 리턴 비용을 포함한 가격이었다. 픽업과 리턴은
말 그대로 프랑스 이외의 지역에서 차를 빌리고 반납하는 과정을 말하는데,

해당 차량이 프랑스에서, 그리고 프랑스로 배송되는 명목으로 지불해야 하는 금액이다. 우리는 크로아티아와 제일 가까운 픽업 센터인 이탈리아 밀라노의 리나테 공항센터를 이용했다. 차를 가지러 갔다가 반납하고 오는 일련의 과정이 일종의 여행처럼 느껴졌기에 뚜벅뚜벅 걷고 대중교통을 타는 약간의 불편함에 도리어 설레기도 했다. 동생과 나는 돈이 없어 주로 배낭을 짊어지고 대중교통에 오르는 것이 익숙하지만, 부모님께는 새로운 경험이 된 것 같아 한편으론 낑낑 기차에 오르는 두 분의 뒷모습이 흐뭇하기도 했다.

리스 차량을 이용하니 보험과 자동차 등록에 대해 고민해야 할 것이 없어 좋았다. 리스 차량은 매년 갱신되는 풀커버 보험이 자동으로 가입되어 나오는데, 운전자와 배우자, 자녀 및 부모까지 적용되며 대인/대물/자차가 포함하는 조건이라 마음을 비교적 편히 먹고 운전을 할 수가 있다.

우리는 빨간 번호판을 달고 다녔다. 프랑스 번호판인데, 하얀 번호판을 달고 다니는 크로아티아 차량 사이에서는 유독 돋보였으리라. 출입국 사무소들의 직원은 이따금 대한민국 여권을 들고, 크로아티아 임시거주 비자를 지갑에 넣고 다니며, 차는 프랑스 것을 타고 다니는 우리를 미심쩍게 보기도 했다. 의심이 들어서인지 자동차 서류를 요청하는 이도 있었다. 친절히 설명하고자 이들에게 '리스' 차라고 강조해도 대개는 알아듣지 못했다. 영어 명칭인 "Transit Temporary"라고 말해도 어리둥절해하기는 마찬가지였다.

아버지의 모범적인 운전 습관의 결과인지 우리 차는 자그마한 흠 하나 없이 2만 7000km가량 유럽을 누볐다. 살인적으로 좁았던 스플리트Split의 골목길, 신호등이 제 기능을 상실한 지 오래인 세르비아의 시내를 지나던 순간은 지금 생각해도 아찔하다. 아버지가 너무 천천히 후진을 하거나 과하게 차의 안위를 걱정하는 모습이 젊은 피로서 다소 답답할 때도 있었다. 그러나 1년간 쓴

차를 반납하는 날 한 바퀴 돌며 차의 상태를 점검하던 담당직원의 당황해하던 표정을 볼 때의 그 후련함은 1년간의 답답했던 시간을 녹이고도 남았다. '차량 Damage' 항목을 빈칸으로 남기는 것을 자기 커리어의 오점으로 생각했으려나.

물론, 리스가 최선의 선택지가 아닐 수도 있다. 좋은 조건의 중고차를 구매해 안전하게 사용한 후 차액을 많이 남기지 않고 되파는 것이 재정적으로는 이상적인 시나리오다. 또한 리스는 100% 사전 예약제이기에 우리나라 여행자들이 선호하는 자동기어 차량의 경우, 그다음 해의 예약 물량이 조기에 소진되는 경우도 빈번하며, 취소 시에는 경우에 따라 위약금이 발생할 수도 있다. 사후 결제가 기본인 렌터카는 언제 취소하더라도 위약금이 없으니 일정이 확정되지 않고서는 쉬이 예약하기 어려운 부분도 있다.

(맹주성)

크로아티아에서 1년 살 집 구하기

크로아티아에 도착한 첫 10일간은 에어비앤비Airbnb에서 예약한 집에 묵었다. 자그레브Zagreb 시내 근처 빈코비체바 지역이었다. 방이 두 개이고 깔끔했다. 이곳에 묵으면서 집을 구하기 위한 노력을 기울였다. 인터넷을 찾아보는 한편 부동산의 도움을 얻었다. 두 명의 부동산업자로부터 도움을 받았다. 한 사람은 에어비앤비 집주인인 마르코가 소개한 젊은 여자 부동산업자였고, 다른 사람은 이곳에 20여 년간 살고 있는 유미나 씨가 소개한 부동산업자로 할머니였다.

입국 첫날 도착한 에어비엔비 숙소_아래쪽에 얼핏 이민가방들이 잔뜩 보인다.

임시 숙소에 풀어 놓은 짐_사진에 보이는 것의 약 3배의 짐을 가지고 바다를 건넜다.

젊은 여자 업자가 소개해 준 집은 ① 모던하고 고급스러운 벽난로가 있는 집(1200유로, 월세 기준, 이하 동일)과 ② 풍경이 파노라마처럼 아름다우나 올라가는 경사가 너무 심해서 걱정이 되는 집(900유로)이었다. 할머니 업자가 소개해 준 집은 ③ 경제학을 전공한 할아버지가 주인인데 깔끔하고 공간이 아주 짜임새 있으며 그림도 많이 걸려 있고 책도 많이 진열되어 분위기가 괜찮다고 생각되는 집(1000유로)과 ④ 중국 대사관 근처의 3층집으로 마당도 있고 넓은 거실에 화장실 세 개, 깔끔한 부엌 및 침실 세 개로 전망도 아주 훌륭한 넓은 집이었다(가격 불확실. 1000유로 이상의 가치를 가진 집 같지만, 연구소까지 거리가 좀 있어 보이고 유틸리티 비용도 만만치 않을 것 같았음).

어떤 집을 선택해야 할지 고민스러웠다. 우리가 생각한 기준은 아무리 비싸도 월세 기준 1000유로 이하이고, 풍광이 좋은 집이었다. 물론 연구소에서 너무 멀지 않은 집이고. 고민하다가 ②번 집과 ④번 집 중에서 결정하기로 하고 다시 한 번 집들을 방문해 보았다.

파노라마처럼 전망이 좋았던 ②번 집에 다시 가서 주인도 만났다. 다시 보니 전망이 훌륭하지만, 처음 느낀 것처럼 마을 전체가 보이는 파노라마 풍경은 아니었다. 왜 처음엔 이 집이 무척 넓고 더없이 좋은 풍광으로 다가왔을까. 그래도 가격을 700유로까지 할인해 줘 이 집으로 마음이 많이 기울어 계약을 고려했다. 그런데 집을 막상 계약하려고 보니 가구와 가재도구가 전혀 없어서 하나하나 다 지정을 해야 되는데 과연 무엇이 필요한지 그것을 결정하기가 무척 어려웠다.

그리고 또 하나 결정적인 문제가 있었다. 부동산업자는 트램 11번을 타면 바로 내려서 좀 걸으면 연구소라고 했는데, 막상 조사해 보니 트램 11번도 아니고 한 번 살아타야 돼서 거리도 멀고 상당히 불편했다. ④번 집과 거의 비슷한 거리를 가야 하고 차도 두 번 갈아타야 되는 상황이었다. 그렇다면 풍광도 좋고 방도 더 많은 ④번 집이 더 낫지 않을까. 젊은 부동산업자는 마치 내가 계약을 할 것처럼 하다가 계약을 미루니 조금 화가 난 얼굴이었다. 그러나 어쩌랴, 앞으로 1년간 살 집이니 신중하게 선택해야 하지 않을까. 결국 ④번 집을 1000유로에 계약했다. 4개월간 정원 마당을 관리하는 비용으로 매달 50유로를 더 주기로 했다.

집을 소개해 준 할머니 부동산업자는 성격이 활달하고 친근했다. 하지만 커피는 전혀 사지 않았다. 집 구경하면서 돌아다니며 내가 몇 번이나 계속 커피를 샀다. 결국 계약하고 나서야 본인이 한 잔 사겠다고 했다. 계약을 이 할머니 사무실에서 했는데 약속 시간이 되어도 아내가 나타나지 않아 얼마나 마음을 졸였던지. 너무 추운 날인데 아내도 길 찾느라 고생하고 나도 밖에서 많이 떨었던 기억이 난다.

결국 이렇게 계약한 이 집이 살아 보니 참 마음에 든다. 1층에 방이 두 개 있어 아이들이 하나씩 쓸 수 있고, 나가면 바로 작은 뜰이라 잔디도 밟을 수 있다. 2층에 넓은 거실과 부엌이 있어 불편함이 없고 밖에 보이는 풍광도 훌륭하다. 3층은 침실로 들어오는 햇살이 너무 풍부하고 따뜻하다. 그리고 3층 서재를 나가 베란다에서 보는 풍광은 마치 설악산 콘도에 온 것처럼 훌륭하다. 보이는 산 오솔길을 따라 쭉 올라가면 메드베드니차Medvednica 산으로 등산도 할 수 있다. 한국에 가면 이 집에서 살던 이런 아름다운 자연과 풍광, 맑은 공기 등이 무척 생각날 것 같다. 크로아티아 생활은 이 집 때문에 더 그리울 것 같다.

(맹완영)

이사 첫날 제설하기_드디어 우리 집에 들어간다는 기대도 잠시, 밤새 내린 눈에 대문 앞을 제설했다.

이사 둘째 날 제설

집 대문 앞에서

크로아티아 비자 받기

크로아티아에서 비자를 받느라 고생했다. 우리는 1년간 머물 수 있는 단기 비자를 신청했다. 우선 내가 여기 크로아티아 초청기관에서 받은 고용 계약서를 가지고 비자를 받고, 그것에 근거해서 가족들을 데려오는 비자를 받을 계획이었다. 그런데 결정적인 문제가 생겼다. 아이들이 모두 성년(18세 이상)이라 개별적으로 비자를 받아야 한다는 것이었다. 아이들이 과연 비자를 받을 수 있을지 갑자기 눈앞이 캄캄해졌다.

비자를 받기 위해 서류를 준비하고 담당 공무원(경찰관)을 만나노라면 신경이 굉장히 날카로워졌다. 경험도 없고, 법규도 제대로 모르고, 언어도 통하질 않으니 뭔가 경미한 것 하나를 실수하면 비자가 거부될 수도 있다는 생각에 예민해졌던 것이다. 아이들의 비자는 우여곡절을 거쳐 크로아티아 언어학교에 등록한 서류를 제출하여 겨우 받았다. 주성이는 브라질 등 남미 여행 때문에 늦게 신청해서 더 복잡해졌다. 주성이는 자그레브 대학교의 게스트 스튜던트guest student 초청서류도 같이 제출했는데 이것 때문에 비자 기간이 오히려 짧아졌다. 대학 초청서류와 언어학교 서류의 체류 요청일자가 서로 달랐는

주성이의 자그레브 대학교
기계공학과 학생증

데, 왜인지 경찰서에서는 신청 기간이 오히려 짧은 게스트 스튜던트 기간에 대한 비자를 발급해 주었다. 크로아티아 언어학교 수강 기간에 대한 서류만을 제출한 주형이는 오히려 체류 기간이 더 긴 비자를 받았다. 이해할 수 없는 일이 벌어지는 것이 크로아티아의 행정이다. 이의를 제기해도 소용이 없고 담당자는 전혀 자신의 실수를 인정하지 않았다. 결국 주성이는 중도에 체류 기간

단기 비자(1년 체류 비자) 신청을 위한 서류

1. 신청서, 2. 여권, 3. 사진(35×45mm), 4. 보조서류: a) 크로아티아 방문 목적, b) 거주지 계약서, c) 재정보증서, d) 귀국 예정 증명서류, e) 건강보험

보조서류 중, a) 방문 목적은 여기 연구소에서 작성한 고용 계약서, b) 거주지 계약서는 부동산 계약서(집주인을 대동하고 경찰서를 방문하여 제출), c) 재정보증서는 한국 연구소에서 발행한 연봉 증명서, e) 건강보험은 여행자보험(동부화재: 부부가 약 330만 원에 가입, 자녀들은 각자 40만 원 정도 납부) 증명서를 제출하였고 d) 귀국 예정 증명서류는 제출하지 않았다.

가족들의 비자를 신청하기 위해서는 이 서류들 외에 결혼증명서, 기초증명서와 가족관계증명서류가 필요하다. 이런 증명서는 한국에서 발급된 서류를 영어로 번역하여 이것을 한국대사관에 가서 공증을 받고, 다시 이것을 크로아티아 언어로 번역하고 공증을 받아야 접수해 준다. 낯선 외국 땅에서 이런 과정을 진행하려니 무척 번거롭고 시간이 소요된다.

주크로아티아 대한민국 대사관 문패

이 만료하여 비자 신청을 다시 한 번 더 했다.

크로아티아 일반 시민들은 소탈하고 허물이 없는 편인데 반해, 공무원들은 관료적이고 고압적이다. 공산주의 잔재가 남아 있는 듯하다. 행정수속이 진행되면 한없이 기다려야 한다. 언제 내 차례가 될지 알 수 없다. 몇 시간이고 기다려야 한다. 비자를 발급받기 위해 경찰서에 간 날의 일기를 한국으로 돌아와 다시 들여다보니 재미있다.

결국 4월까지 비자 때문에 씨름하고 스트레스 받으며 어떤 때는 마음을 졸였다. 비자 받기 힘들었다.

(맹완영)

아버지의 일기(2016. 1. 18)

오늘 비자 신청하러 경찰서에 갔다. 한 30분 문서를 찾더니 어떤 사무실로 가라고 한다. 3층과 2층 두 곳이다. 2층에 갔더니 결혼증명서를 크로아티아어로 번역해 오라고 한다. 골치 아프다. 3층에 갔더니 나이 먹은 여자가 엄청 거만한 표정이다. 밖에서 기다리란다. 10분 이상 기다려도 소식이 없다. 어렵게 서류 받아서, 인지 받으러 30분, 사진 붙이느라 30분, 문서를 기다리느라 30분, 한 3시간 서서 기다렸다. 이 나라가 뭐가 그리 잘났다고 이렇게 고압적이고 관료적인가. 기다리기 너무 힘들다. 인지 사는 데 1000쿠나(kn) 정도 썼다.

주형의 일기(2016. 3. 7)

경찰서에 가서 발급된 비자를 받으려고 아침 일찍부터 경찰서에 갔다. 찾아오라고 적힌 곳으로 갔다. 거기서 얻은 건 내 비자가 아직 발급되지 않았다는 사실과 그곳의 불친절한 직원 때문에 기분이 나빴다는 것. 우리나라도 경찰서에서 외국인에게 이렇게 불친절한가에 대해 심히 걱정이 될 정도다.

주성의 일기(2016. 4. 4)

비자 발급에 문제가 생겼다. 타지에서 비자를 받는 것이 이렇게 어려웠다니.

2. 크로아티아 속으로

크로아티아 연구소의 동료들

　나는 크로아티아의 한 국립연구소에서 근무했다. 직원이 1000명 정도 되는 크로아티아에서 가장 큰 연구소이다. 이 연구소의 이온빔 그룹의 동료들과 1년간 같이 연구했다. 이 그룹은 총 15명 정도 되는데 일도 열심히 하고 모두 친구처럼 지낸다. 이 사람들과 생활하면서 나도 친구가 된 느낌이었다.

　이온빔 그룹의 리더인 밀코는 무척 선량하게 생긴 키 큰 아저씨다. 밀코는 이 그룹을 20여 년 동안 이끌었다. 연구 업적을 크로아티아 정부에서도 인정받아서, 최근에 크로아티아 학술원 회원이 되었다. 연구소 당국에서도 크로아티아에서 몇 명밖에 되지 않는 학술원 회원이 된 것을 큰 명예로 생각하는 것 같았다. 들은 바에 의하면 밀코는 고향에 물려받은 큰 저택을 가지고 있다고 했다. 이 나라의 많은 사람들은 부모에게 집을 물려받는 것 같다. 그래서 보통 시골에 집을 한 채씩 가지고 있다. 여름에는 시골집에 가서 한 달 이상

아버지의 연구소 동료들_따로 말하지도 않았는데 알아서 포즈를 잡았다.

머물면서 여유 있는 휴식의 시간을 갖는다. 밀코는 이 시골집에서 따 온 사과나 키위 같은 과일들을 내게 가져다주었다.

돈치라는 직장 동료가 있었는데 이 사람은 국회의원을 두 번 하고 연구소로 온 인물이었다. 정부 고위직을 제안 받았으나 연구를 하겠다고 연구소로 되돌아왔다. 무척 특이한 이력을 가져서 몇 년 후 은퇴해도 동일한 연금을 받지만, 그래도 연구소에 남아서 기여를 하고 싶다고 했다. 매일 점심을 같이 먹으면서 많은 얘기를 나눴다. 돈치는 역사에 대해서 박식했다. 역사에 대해 물어보면 모르는 것이 없었다. 역사, 문화의 박사였다. 사람들도 잘 모르는 게 있으면 돈치에게 물어보라고 했다.

다미르는 젊은 기능직인데 나에게 관심을 보여 주고 친절했다. 집에서 만든 와인도 가져다주고, 아이바르(체밥치치 등의 음식에 찍어 먹는 고유의 양념장)도 가져다주었다. 그리고 시베니크Šibenik의 고향 집에서 직접 짠 올리브유도 가져다주었는데, 요리에 관심 있는 주성이 말에 의하면 부적 정제된 느낌이라 했다. 다미르는 나에게 자기들이 생산한 포도주를 한국으로 수입하라고도 했다.

박사 과정을 밟는 발렌틴은 독일에서 여기로 와서 가속기로 이온빔 실험을 하는 친구인데 나랑 친해졌다. 그래서 독일 아마존 사이트에서 물건을 구입하고 발렌틴의 집으로 보내면, 발렌틴이 그 물건들을 나에게 가져다주기도 했다. 한번은 독일 맥주를 종류별로 20여 종 가져다줘 다양한 독일 맥주의 맛을 보기도 했다. 젊은 친구라 무척 활발했는데 두브로브니크Dubrovnik에 놀러 갈 때도 차에서 노숙을 하기로 해서 조금 놀랐다.

크로아티아 연구소의 동료들은 목소리가 무척 컸다. 누구를 부를 때 아래층에서 큰 소리로 점심 먹으러 가자고 하면 사람들이 우르르 몰려 나왔다. 점심은 연구소 중앙에 있는 오두막집에서 먹는데 25쿠나(약 4200원) 정도 했다. 수프와 샐러드, 닭고기나 돼지고기 요리 및 스테이크도 나왔다. 가격 대비 괜찮은 식사였다. 식사 후에는 오두막 2층에 가서 커피를 마셨다. 에스프레소 한 잔에 5쿠나다. 옛날 귀족들이 이 연구소 터에서 사냥을 하고, 이 오두막에서 쉬어 갔다고 한다. 이곳 식당의 2층 창으로 아래를 보면 저 멀리 울창한 숲이 보였다. 그 옛날 귀족들도 사냥을 한 후 저 숲을 바라보았으리라. 아직도 그 오두막에서 연구원 직원들 모두 식사를 하고 대화를 즐긴다.

연구소는 경치가 참 아름다웠다. 젊은 사람들은 아름드리나무 아래에 모여서 식사했다. 그 모습이 한 폭의 그림이었다. 이 나라 사람들은 오래된 물건을 절대 버리지 않는다. 오래된 건물도 절대 부수지 않고 가능한 한 있는 그대로를 유지하면서 그 위에 새로운 건물을 만든다. 연구소 전체도 그렇게 건설되었다. 있는 그대로의 경사를 살리고, 그 위에 잔디를 심고 건물들을 지었다. 그래서 잔디밭 위를 걷노라면 자연 속에서 걷는 느낌이고 더 인간 친화적인

연구소 마당_동료들이 벤치에 앉아 있다.

느낌이 들었다. 이런 그림 같은 곳에서 생활해서 그런지 크로아티아 사람들은 우리와 다른 점이 많다.

이 나라 사람들은 행동이 굼뜨고 느긋하다. 연구소 출입증이 한 달가량 안 나와서 무척 불편했다. 특히 비가 오는 날에는 차에서 내려서 출입증을 받으러 움직이는 것이 무척 불편했다. 빨리 달라고 재촉하니 그제야 움직이기 시작했다. 그냥 두었으면 언제 받을지 알 수 없었을 것 같다.

그리고 서양 사람들과 한국 사람들의 사고구조는 무척 다른 것 같다. 어느 날 돈치와 시내 구경을 갔는데, 돈치가 계단을 오른 후에 힘들었는지 아이스크림 노점상에 갔다. 당연히 나는 내 것도 살 것으로 예상해서 가만히 있었으나 돈치는 자신의 것만 사 먹었다. 조금 놀랐다. 같이 왔는데 어떻게 본인 것만 사서 먹는지 한국 사람으로서는 도저히 이해할 수 없는 일이었다.

크로아티아 사람들은 성질이 급하나. 사동차를 운전하다 조금 전전히 가면,

뒤에서 잠시도 못 참고 휙 급발진하면서 추월해 가는 차량이 많다. 처음에는 유럽 사람들이 본래 성질이 급한가 하는 생각이 들었는데 크로아티아 사람들이 특히 성질이 급한 것 같다. 그런데 이 사람들이 성질은 급하지만 꾸밈이 없고 솔직하다. 그래서 보통 유럽 사람들은 남의 일에 참견하지 않는데 이 사람들은 내가 차를 사는 것에 대해서도 참견하고, 집을 구하는 것에 대해서도 비싼 집을 얻지 않도록 조언을 해 주었다.

이 나라 사람들은 자기 나라에 대한 자부심과 사랑이 많다. 이 나라가 세계에서 가장 아름답고 사랑스럽다고 얘기했더니 무척 좋아했다. 대학까지 무상교육인데, 많은 젊은이들이 공부를 다 시켜 놓으면 독일 등 유럽 쪽으로 가서 직업을 잡아 가장 큰 문제라고 했다. 산업이 충분하지 않아서 젊은 인력을 수용할 수 없으니 큰 사회문제가 아닐 수 없다.

10월에는 동료들을 집에 초대했다. 열 명 정도 이온빔 그룹 동료들이 와서 저녁을 같이했다. 한국 음식은 매운 것만 있는 줄 알았는데 이렇게 맛있는 것들이 있는지 몰랐다고 했다. 집사람이 된장 소스로 조리한 돼지고기도 굽고, 잡채도 만들고, 갈비찜도 했다. 사람들이 잘 먹고 좋아해서 우리도 기분이 좋았다. 역시 초대하길 잘했다. 주성이는 여기 와서 배운 문어 요리 실력을 발휘했는데 맛있게 됐다. 내가 여기서 배운 그림 솜씨로 실험실 풍경을 그려 선물했더니 아주 좋아했다.

사회주의 시절 유고슬라비아 정부의 집중적인 지원을 받아 크로아티아의 일부 기초과학은 아직도 강하다. 세계 수준의 기술을 가지고 있다. 산업이 전무한 데 비해서 특정 분야의 기초과학은 우리보다 10년 이상 뛰어나다. 이 나라 사람들은 한국과 과학기술을 교류하는 것을 원한다. 한국에 대해서 높은 평가를 하고 있다. 이곳에 오고 나서 바로 내가 근무하는 한국 연구소에 대해

연구소 동료들을 집으로 초대하다.

서 발표하고 소개한 적이 있다. 한국이 이렇게 기술이 발전한 나라인 줄은 몰랐다고 말한다. 그러면서 한국이 대단하다고 하니 나도 기분이 나쁘지 않았다. 이곳을 돌아다니다 보면 현대나 기아 차들이 많이 보이고, 삼성이나 LG 등이 훌륭한 제품으로 인식되어 있어 한국에 대한 평가가 높다. 이 나라도 이탈리아, 독일, 오스트리아, 러시아 등 강대국 주변에 있어 불이익을 많이 받은 듯하다. 그래서 비슷한 역사를 공유하는 한국을 일본이나 중국보다 더 우호적으로 생각하는 것 같다.

이 나라 사람들은 성격이 소탈해서 마음을 나누는 친구가 될 수 있다. 오스트리아나 영국 사람들처럼 거만하지 않고 겸손하다. 돈치와는 특히 친해졌다. 처음에 국회의원이라 해서 어떨까 했는데 오래 대화하고 같이 지내다 보니 나중에는 정말 친구 같은 느낌이 들었다. 한국에 한번 초대해서 밥도 먹고 한국의 좋은 곳도 소개해 주고 싶다. 크로아티아 연구소 동료들과 친구가 됐다. 앞으로도 멀리 떨어져 있지만 좋은 친구로 계속 교류를 하고 싶다.

(맹완영)

테슬라 그는 누구인가

테슬라Nikola Tesla는 옛날부터 관심을 가지고 있었던 인물이다. 오래전 『이원복 교수의 현대문명진단』에서 테슬라에 대한 내용을 보고 그가 위대한 업적을 이룩한 사람이라는 것을 알았다. 테슬라란 자성의 단위로만 알고 있었지, 그처럼 뛰어난 업적을 낸 사람의 이름인 줄은 몰랐다. 그에 대해 처음 알고 놀랐었다. 그 이후로 테슬라에 대한 관심이 생겼다. 10년 전 미국에서 연가를 보낼 때 나이아가라 폭포에 갔더니 테슬라 동상이 있었다. 그때 반가운 마음에 사진을 한 장 찍은 것이 있는데 지금도 보면 흐뭇하다. 그런데 크로아티아에 와서 테슬라를 또 만나게 되니 반갑고 흥미로웠다.

테슬라는 1856년 크로아티아 스밀리안Smiljan이라는 작은 마을에서 목사의 아들로 태어났다. 유럽의 대학에서 공부했는데 비상한 암기력을 가졌고 6개 국어를 구사했다고 한다. 평생 독신으로 살다가 1943년 87세의 나이, 호텔 방에서 무일푼으로 일생을 마쳤다.

현대 문명의 근간은 무엇인가. 전기다. 우리가 전원만 꼽으면 이용할 수 있는 교류 전류의 원조가 테슬라이다. 그는 1888년 최초의 교류 유도 전동기를 만들었다. 교류 전류 외에도 무선 통신(휴대폰), 리모컨, 가전제품 모터(세탁기, 헤어드라이어 등), 라디오, 전기 자동차 등이 모두 그의 아이디어로부터 출발했다.

1884년 미국으로 가서 에디슨과 한동안 같이 일하기도 했지만 서로의 주장이 달라 헤어졌다. 가정에 전등을 켜는 데 있어 에디슨은 직류를 주장했지만 테슬라는 교류를 주장했다. 테슬라는 교류를 자신의 몸에 통과시켜서 전등을 밝혀 위험이 없음을 보여 주기도 했다. 현재 우리는 교류를 쓰고 있으니 그가 승리한 셈이다. 테슬라가 남긴 큰 업적 중 하나는 1895년 웨스팅하우스와 함께 나이아가라 폭포에 수력발전소를 세워 막대한 양의 전력을 생산해, 미국 버팔로 지역에 전력을 공급한 일이다. 테슬라는 수력발전소의 성공으로 번 돈을 계속 연구에 투입하여, 위에서 언급한 발명 외에 터빈 엔진, 확성기, 스피커, 변압기, 방사선 X-ray, 점화플러그, 레이더, 레이저, 인공 번개, 수직 이착륙 비행기의 원리 등도 개발했다. 정말 한 인간이 이처럼 많은 것을 해냈단 말인가.

테슬라의 삶은 평범한 사람의 기준으로는 그다지 행복했던 것 같지는 않다. 하루 종일 늘 새로운 발명에 쫓기면서 무인도처럼 주변에 사람도 없이 평생을 홀로 살았다. 실험실에 원인 모를 화재가 발생해 모든 연구와 발명품이 불타버리기도 하고 심장병도 심했다. 성격도 괴팍했다. 3으로 나누어지는 숫자에 집착했다. 음식도 새 모이만큼 조금씩 먹어서 시간을 낭비하지 않으려고 노력했다. 테슬라에게는 환각 증세가 있었다고 한다. 일종의 정신질환으로 눈앞에 아주 밝은 빛이 나타나면서 수시로 환각이 보이며 고통을 느끼곤 하는 증상이 그가 죽을 때까지 계속되었다. 수많은 발명을 하고서도 늘 새로운 프로젝트에 돈을 쏟아부었다. 뉴욕의 한 호텔에서 심장마비로 죽기 전까지 우유와 나비스코 크래커로 연명했다고 한다. 그 모든 것을 발명하고도 가난한 빈털터리로 외롭게 죽어야 했다.

테슬라는 세르비아계 크로아티아인으로서 두 나라 모두 그를 추앙한다. 크로아티아에서는 탄생 150주년을 맞이해 탄생지인 스밀리안에 기념관을 세웠다. 크로아티아의 수도인 자그레브에는 그의 이름을 딴 테슬라 거리에 동상이 세워졌다. 세르비아에도 수도인 베오그라드에 테슬라 박물관이 있고, 베오그라드 국제공항을 테슬라 국제공항이라고 이름 짓기도 했다. 크로아티아나 세

시청사 외벽에 붙은 테슬라 현판

시내 중심가의 테슬라 동상

르비아를 방문하는 사람은 니콜라 테슬라라는 이름을 알아 두면 좋을 것이다. 이 지역 사람들이 테슬라에 대해 큰 자부심을 가지고 있기 때문에 그에 대해 얘기하면 좋아한다. 테슬라에 대해 안다면 사람들과의 대화가 원활해지고 인간관계가 호의적으로 변할 수도 있다.

　테슬라는 이런 말을 했다. "미래가 스스로 평가하도록 하라. 지금 내 업적과 성과를 하나하나 평가받는 것을 원치 않는다." 그는 오래전에 죽었지만 계속해서 미래가 스스로 그의 업적을 평가하는 중이다.

(맹완영)

아드리아해의 청동 조각상: 모래 털어 내는 레슬러

  연구원 동료인 돈치와 점심을 먹은 후, 커피를 마시러 식당 2층에 갔다. 돈치가 거기 있는 신문을 훑어보더니 청동 조각상을 보여 주었다. 키가 192cm나 되는 남자의 청동 조각상으로 근육질이지만 날렵한 느낌을 주는 인물이 참 아름다웠다. 이 청동상을 크로아티아어로 아폭시오맨Apoksiomen이라 부른다고 하는데, 운동선수가 경기를 치른 후 조그만 긁개the Scraper로 땀이나 먼지를 닦아 내는 형상이다. 돈치 말에 의하면, 아폭시오맨은 기원전 1세기나 2세기경 만들어진 조각상으로 아드리아의 바닷속에서 발견되었는데 형태가 거의 완벽하게 보존되었다고 한다.

  인터넷을 찾아보니 이 청동상은 1996년 벨기에에서 온 한 아마추어 다이버에 의해 45m 바다 아래 암석 사이에서 발견되었다고 한다. 1999년 크로아티아 문화재 발굴팀이 이 조각상을 건져 올렸을 때 조각상의 표면은 바다 생물들이 달라붙어 덮고 있어 부식되지 않았다고 한다. 우리 연구소에서도 청동상의 성분을 분석하는 데 일조했다고 한다. 청동상 안쪽에서 나뭇조각, 과일 씨 등이 발견되었는데, 이것으로 추정할 때 기원전 1세기경에 만들어진 것이라 한다. 전문가들은 아드리아해에 면한 크로아티아의 항구 도시 풀라Pula나 이탈리아의 항구 도시 트리에스테Trieste 등으로 운반되다가 폭풍우 속에서 바다로 던져진 것으로 추측하고 있다.

  이것을 복원하기 위해 화학물질을 사용하지 않고 기계적인 방법만으로 표면 물질들을 긁어 원래 모습을 회복하였고, 청동상에 존재하는 균열과 손상을 수리한 후 특별히 제조된 스테인리스강 구조물을 내부에 넣어 조각상을 지지하도록 하였다. 이 청동상은 현재 존재하는 8개의 아폭시오맨 중에서 가장 보존이 잘된 작품이고, 아름다움과 주조 기술의 정도는 최고 수준이라 한다.

청동은 고대 그리스에서 최상의 조각 재료로 여겨졌다. 그리스 조각 중 현재 존재하는 것은 별로 없는데, 이는 고대나 중세에 청동은 매우 귀하고 비싼 재료여서 잘 보존되지 못했기 때문이다. 유명한 그리스 청동 조각들은 현재에는 주로 로마 시대에 제작된 대리석 모사품들로 남아 있다. 대리석은 청동에 비해 재활용이 어렵고 싸기 때문이었다고 한다. 크로아티아 아폭시오맨은 2006년 자그레브에서 최초로 전시되었고, 전 세계를 순회한 후 현재는 최초로 발견된 로신Lošinj의 박물관에 전시되어 있다.

이 청동상을 보고 있노라면 어떻게 뜨거운 금속을 녹여 이와 같이 팔과 다리의 동작을 표현하고 몸통의 생동하는 근육들을 만들었을까 감탄하지 않을 수 없다. 인물의 고요하면서 몰입해 있는 섬세한 표정은 어떻게 만들었을까 놀라지 않을 수 없다. 옛날 사람들의 탁월한 예술 감각과 장인 정신을 실감하게 하는 조각상이다.

크로아티아 사람들은 문화재를 정말 소중하게 생각해서 보존을 하려고 최대한의 노력을 기울인다. 그들은 절대 오래된 것을 버리지 않는다. 크로아티아를 돌아다녀 보면 100년이나 200년 된 가정집은 기본이고, 1000년 된 성당, 2000년 된 로마 궁전, 아우구스투스 신전 등 오래된 유적들이 잘 보존되고 있다. 이러한 유적들이 그들의 자부심으로 작용해

아폭시오맨_모래 털어 내는 레슬러

'우리는 이렇게 우수한 문화를 가진 조상이 있다. 우리도 그들과 같이 뛰어난 사람들이다.'라고 생각하는 것 같다. 오래된 유적들을 보존하고 그것들을 생활 속에서 경험할 수 있도록 하는 노력은 우리나라 사람들도 꼭 배워야 할 점이다.

(맹완영)

돌라츠에서 장보기

한국에선 재래시장에서 장을 보지 않는다. 신혼 시절 살림을 좀 잘해 보려 의욕을 가지고 재래시장을 몇 번 이용했었는데, 어리바리한 새댁을 물로 봤는지 바가지도 씌우고 물도 안 좋은 생선을 팔거나 도대체 다듬어도 다듬어도 끝이 없는 시든 나물을 팔기도 해서 나중엔 상인들의 말을 믿을 수 없기에 이르렀다. 가격은 약간 높아도 차라리 나를 속이지 않는 대형 마트가 마음이 편해 마트 쪽으로 방향을 바꾼 지 한참 됐다.

그런데 여기 자그레브에선 돌라츠Dolac라는 재래시장을 이용하지 않을 수가 없다. 일단 돌라츠에서는 우리 집에서 떨어지면 큰일 나는 김치를 담글 배추를 팔고, 남편이 사랑해 마지않는 쇠꼬리와 내가 거의 홀릭 수준으로 좋아하는 체리며 납작 복숭아 그리고 야들야들 너무 맛있는 명이도 팔기 때문이다.

자그레브에 온 지 얼마 안 되었을 때 남편과 돌라츠에 갔다. 냉장 삼겹살을 샀는데 1킬로그램에 우리 돈으로 단돈 3000원이었다. 횡재한 듯한 기분('싸도 너무 싸잖아!')으로 나는 적어도 일주일에 한 번은 돌라츠에 가서 삼겹살과 쇠꼬리를 사 왔다. 고기 얘기가 나와서 말인데 여긴 고기가 정말 싸다. 얼마나

돌라츠 시장

저렴하냐면 1킬로그램에 삼겹살 3000원, 쇠꼬리 4000원, 사골 1500원, 그리고 사태나 등심은 좀 비싼데 그래 봤자 10000원이 조금 넘는다. 물론 다 냉장 상태의 고기다. 게다가 맛은 얼마나 좋은지 명이나물에 삼겹살을 싸 먹으며 우리 식구들은 한국을 잠깐 잊을 정도였다.

돌라츠 상인들은 상당히 유쾌하다. 큰애 주성이가 떠듬떠듬 크로아티아어로 물건값을 물어보거나 한국에서 못 보던 채소에 대해 물어보면 너무 재밌어 하고 좋아한다. 심지어 옆 가게 사람까지 데려와 주성이의 크로아티아어를 들어 보라며 크게 웃는다. 이럴 때 슬쩍 한두 개 더 달라 말해 보면 틀림없이 통한다. 그래서 돌라츠에 장 보러 갈 땐 꼭 큰애를 데려간다.

돌라츠 상인들은 유쾌할 뿐 아니라 정직하고 우직하다. 그건 물건값에도 그대로 적용된다. 일례로 과일값을 보면 알 수 있다. 여름에 한창 나오던 체리는 처음 나오기 시작할 땐 1킬로그램에 40쿠나(약 6600원)로 한국과 비교해서

돌라츠 시장과 반 옐라치치 광장 사이의 거리

돌라츠 시장 초입의 꽃거리

아주 많이 싸진 않았는데, 점점 많이 나오기 시작하면서 30쿠나, 20쿠나 그리고 마지막엔 7쿠나까지 떨어졌다. 물건이 많이 나오면 정직하게 값도 팍팍 떨어뜨려 주는 상인들에게 믿음이 간다. 여기 상인들은 절대로 친절하진 않다. 오히려 무뚝뚝하고 잘 웃지도 않는다. 그런데 이 사람들이 입을 크게 벌려 웃는 때가 있으니 나 같은 외국인이 떠듬떠듬 크로아티아어로 말을 할 때이다. '드바 몰림(두 개 주세요)', '도바르단(안녕하세요)', '몰림 예단 부렉스 메솜(고기 부렉 하나 주세요)' 같은 기본적인 문장에 좋아라 한다. 처음엔 내가 무슨 말을 하는지 나를 한참 쳐다보던 상인들은 내가 크로아티아어를 하는 걸 알곤 함박웃음을 지어 준다.

　돌라츠에 다닌 지 몇 개월이 되었고 이젠 단골가게가 생겨 서로 가벼운 눈인사까지 하는 상인들이 있다. 그리고 그들은 여전히 나의 서툰 크로아티아어를 재밌어한다. 쇠꼬리나 갈비를 사면서 좀 더 조그맣게 잘라 달라 하면 커다란 도끼로 조각을 내 주는 아날로그 정육점, 주말에만 나오는 두부 파는 할머니와 한국 사과 파는 아저씨, 체리와 납작 복숭아와 명이나물과 라벤더 포푸리까지 마음 편한 돌라츠에서의 쇼핑은 아마 한국에서도 많이 생각날 듯하다.

(이혜정)

자그레브에서 김치 담가 먹기

결혼 전, 김치는 먹고 싶을 때 냉장고만 열면 꺼낼 수 있었던 우유나 계란 같은 의미의 음식이었다. 언제든 먹고 싶을 때 먹을 수 있는. 그러나 결혼을 해서 입맛 까다로운 남편과 살다 보니 김치는 결코 간단하고 쉬운 음식이 아니란 걸 실감했다. 시판하는 김치에선 젓갈 냄새가 난다고 하고 너무 짜다고 하고 심지어 고춧가루가 싸구려라고 구체적으로 지적하는 남편. 아무리 맛있다고 소문난 김치도 남편 입에는 안 맞아서 결국 김치는 담가 먹게 되었다.

10년 전 미국에 살 땐 한인 식품점이 가까이 있어서 각종 한국 식재료를 구하기가 어렵지 않았다. 일주일에 한 번 그 집에 물건이 들어오는 날엔 시간 맞춰 가서 배추와 무·열무 그리고 불고기까지 마음껏 장을 볼 수 있었다. 그래서 김치 담그는 것도 어렵지 않았다.

그런데 자그레브는 사정이 달랐다. 한인 식품점은 규모도 작고 물건이 많지 않을뿐더러 결정적으로 신선제품은 취급하지 않았다. 우리에겐 배추가 정말 중요한 재료인데…… 자그레브에 도착해서 처음엔 집 근처 슈퍼인 콘줌 KONZUM을 주로 이용했다. 크로아티아 토착 슈퍼인 콘숨은 다양한 식재료와

저렴한 가격으로 현지인들이 가장
많이 이용하는 곳이다.

그곳에 배추와 무는 없었지만 아쉬
운 대로 양배추와 순무의 중간 정도
인 콜라비가 있었다. 한국에선 건강
에 좋다고 자색 콜라비를 많이 먹는

콜라비 생채_무 대신 콜라비로 생채를 만들곤 했다.

데 이곳엔 흰색만 팔고 있었다. 1킬로그램에 10쿠나(약 1700원, 여기선 개수
로 계산하지 않고 무게로 계산한다)로 두 개를 담았더니 15쿠나였다. 두꺼운
겉껍질을 벗겨 내고 무생채 하듯 채 썬 후 소금 간해서 설탕과 식초, 고춧가루
와 마늘을 넣었더니 한국에서 먹던 무생채와 거의 비슷했다.

배추를 어디서 구할 수 있는지 수소문해 보니 한인 교회분들이 돌라츠에 가
보라고 가르쳐 주셨다. 한국 배추처럼 튼실하진 않아도 정말 배추가 있었고
심지어 무도 팔고 있었다. 상당히 날씬한 배추와 무를 집어 들고 계산 해 보니
한국과 비교해 비싸긴 하다. 이 나라가 고기와 과일은 싼데 배추는 비싼 편이
다. 그래도 이게 어디냐 싶어 정신없이 배추를 버무려 김치를 몇 통 담가 놓았
다. 부자가 된 듯 든든한 마음이 들었다.

젓갈 대신 피시소스로 꽃소금 대신 바다소금(이곳 소금은 질이 좋고 잡맛이
안 난다)으로 대충 버무려 담근 자그레브 배추김치는 그럴듯한 맛이 났다. 돌
라츠시장의 저렴한 돼지고기로 수육을 만들어 갓 버무린 겉절이와 먹어 보니
여기도 살 만한 곳이란 생각이 든다.

(이혜정)

자그레브에서 오케스트라 활동하기

: 당신이 최초의 한국인이에요

내게 바이올린은 단순히 취미를 넘어선 어떤 의미를 담고 있다. 어릴 적 선생님께 바이올린에 천부적 재능이 있다는 칭찬(지금 생각해 보니 그 시절엔 다들 그런 칭찬을 받으며 큰 듯하다)을 받을 정도로 꽤 잘하기도 했는데 그 꿈을 접을 수밖에 없게 되었을 땐 마치 하늘이 무너지는 것 같기도 했다. 성인이 되어서도 이룰 수 없는 꿈이 아쉬워 오케스트라에 가입해서 연주 활동을 계속하며 목마름을 달래곤 했다. 항상 아쉬운 마음이 가득하지만, 결론적으론 아마추어이기에 부담 없이 음악을 즐길 수 있어 전공자의 길을 택하지 않은 게 더 잘한 선택이라고 생각한다. 유일한 취미가 바이올린 연주여서 10년 전 미국에 1년간 가 있을 때도 그리고 요번에 크로아티아에 갈 때도 당연히 바이올린을 가지고 갔다.

그러나 미국과 달리 자그레브에선 아무리 수소문을 해도 아마추어 오케스트라를 찾기가 쉽지 않았다. 그러다 우연히 집주인을 통해 오케스트라를 찾을 수 있었고 크로아티아어는 물론이고 영어도 서툰 내가 바이올린을 들고 연습실에 앉을 수 있었다. "Hrvatski Glazbeni Zavod Croatian Music Institute (크로아티아 음악원)"이라는 명칭의 이 오케스트라는 1827년에 창단되었고, 주로 크로아티아 작곡가들의 곡을 연주하며 일반인들의 음악적 성취를 도와준다는 취지로 유지되고 있었다.

오랜 역사가 말해 주듯 오케스트라의 주요 단원들 중엔 연주 경력이 30~40년에 이르는 할머니, 할아버지도 많아 한국에선 나이 지긋한 편에 속하는 50대의 내가 여기선 젊은이 수준이었다. 오디션을 보고 늘어섰던 미국의 오케

오케스트라 연습이 끝나고_과연 무슨 얘기를 하고 있던 걸까?

스트라와 달리 별다른 오디션 없이 연습에 오라고 했기에 걱정도 되고 긴장도 하며 연습실에 들어갔던 기억이 난다. 긴장한 내게 맘 편히 즐기라고 격려해 주던 단원들……. 크로아티아어로 진행되는 연습 중간중간에 지휘자는 오케스트라 최초의 한국인인 나를 배려해 영어를 섞어 가며 멘트를 했고, 내 옆의 파트너는 내가 제대로 알아들었는지 확인을 하는 등 신경을 많이 써 주었다.

초등학교부터 고등학교까지 악기를 배우고 싶어 하는 학생에겐 학교에서 무료로 악기를 대여해 주고 교육도 시켜 주기에 사실 이 나라 사람들의 음악적 수준은 상당하다고 들었다. 그러나 졸업과 동시에 악기는 다시 학교에 반납하고 높은 실업률에 외국으로 직업을 찾아 떠나야 하는 젊은이들이 많은지라 이런 아마추어 오케스트라엔 안정된 직장을 가진 사람이나 은퇴한 나이 지긋한 분들이 많다.

오케스트라에 집주인의 지인인 은퇴한 여의사가 있었는데 자기 집에 와서 같이 연습을 하자고 스스럼없이 다가와 기쁘기도 하고 걱정도 했지만(언어가 안 되기에), 어쨌든 아들을 끌고 그 집엘 찾아갔다. 생각보단 소박한 집이었다. 70살이 다 된 그녀는 남편과 사별 후 강아지 한 마리와 살고 있었고, 언뜻 들여다본 서재엔 카드게임이 컴퓨터 화면에 떠 있었다. 바이올린을 수집하는게 취미라며 이탈리아제와 독일제 바이올린을 보여 주었고 나중에 빌려주기도 하겠다고(내가 제대로 알아들은 거라면) 했다.

바흐의 두 대의 바이올린을 위한 협주곡(가장 많이 연주되는 바이올린 연주곡 중 하나)과 비발디의 협주곡, 그리고 이름도 낯설고 발음은 더욱 어려운 크로아티아 작곡가의 곡을 연습하느라 그 집에 몇 번을 더 갔다. 갈 때마다 본인이 직접 구운 파이와 커피를 만들어 주었고 내가 맛있다고 하면 그렇게 기뻐할 수가 없었다. 남편이 손님 초대하는 걸 좋아해서 자기도 음식 만드는 걸 많이 해 봤다며(이것 역시 제대로 알아들었는지 확실치는 않다) 수줍게 웃던 할머니.

같이 연습했던 바흐 곡을 오케스트라와 같이 연주하자고 제안했지만 귀국하기 몇 달 전부터 시작된 오십견으로 그 멋진 제안은 물거품이 되었고, 빌려준다던 고가의 바이올린을 연주해 볼 기회도 없어지고 말았다. 몇 번 전화가와선 오십견이 어떠냐고, 정말 연주가 불가능하냐고 챙겨 주던 정 많은 사람이었는데……. 게다가 한국에서라면 내가 감히 어디서 바흐 곡을 오케스트라반주에 맞춰 연주할 수 있으랴……. 생각할수록 아쉽고 또 아쉽다.

여담인데, 집주인이 매달 집세를 받으러 집에 오는데 한번은 "나다 랑Nada Lang(의사 할머니)이 그러는데 extremely well하게 연주를 한다면서요?" 하면서 흐뭇한 표정으로 나를 쳐다보았다(오해하지 마시라. 내가 정말 그렇게 연주를 잘하는 게 아니라 그들이 생각하기에 평범한 아시아 아줌마가 바흐를 연주한다는 것이 신기해서일 것이다).

오케스트라 연주회_저 멀리 어색한 웃음을 짓는 한국의 바이올리니스트.

   한국과 미국에서 활동했던 오케스트라와 크로아티아 오케스트라는 여러 면에서 다른 점이 많아 인상적이었다. 내가 활동했던 한국 오케스트라에선 보통 고전파나 낭만파 음악가의 곡으로 서곡, 협주곡, 교향곡의 구성으로 연주회를 진행했다. 그런데 크로아티아 오케스트라에선 이름도 멜로디도 낯선 크로아티아 작곡가의 곡을 연주했으며, 본인들은 그 작곡가들을 상당히 자랑스러워했다. 미국 오케스트라는 아마추어들임에도 연습 시간 30분 전에 거의 모든 단원들이 준비를 하고 있었고, 각 파트마다 젊고 실력 있는 연주자들이 많았으며, 오케스트라의 재정 상태를 알 수 있는 팀파니와 하프를 가지고 있을 정도였다. 그런데 여기 자그레브 오케스트라는 연습 시간도 느슨하고, 단원들도 연습에 많이 빠지고 파트별로 사람도 많지 않았다(내가 환영받았던 이유도 여기 있지 않았을까?). 암튼 가난한 티가 많이 났던, 그러나 유구한 역사와 열정은 어느 곳에도 뒤지지 않는 그런 곳이었다.

   합창단과 같이했던 연주회가 있었는데 상당히 많은 사람들이 나를 주목해

부담스러웠다. 어디에 있는지 알지도 못했던 한국이라는 나라에서 온 평범한 아시아 아줌마가 바이올린을 한다는 것이 신기했던 것 같다. 한편으론 내가 국위 선양을 한 것 같아 어깨가 으쓱거리기도 했다. 한국에서 왔다니까 〈꽃보다 누나〉라는 TV 프로그램을 기억한다며 스스럼없이 다가오고, 같이 차를 마시자거나 집에서 연습을 같이하자며 아무런 경계 없이 다가왔던 친절한 사람들. 경제적으론 어려운 나라지만 문화적 자부심은 굉장한 사람들, 그들과 가까워지기 위한 가장 좋은 방법은 문화적으로 접근하는 일인 것 같다.

계속되는 여행과 오십견으로 인해 연주는 얼마 못 했지만 오래된 벽돌 건물과 낡은 나무 의자, 삐걱대던 무대 그리고 정 많은 그들의 클래식 사랑은 오래도록 잊지 못할 것이다.

(이혜정)

버스킹에 도전하기

시작은 헝가리 부다페스트 어부의 요새에서였다. 어부의 요새에서 부다페스트 전경을 감상하고 있는데 어디선가 아주 조그맣게 바이올린 소리가 들려왔다. 소리를 따라 걷다 보니 나이 지긋한 여성이 서툰 솜씨로 바이올린을 연주하고 있었다.

아마추어인 내가 듣기에도 아주 서툰 연주였는데 정작 본인은 너무도 당당하게 달랑 두 곡만 되풀이해서 연주를 하고 있었다. 지긋한 나이, 서툰 연주, 빈약한 레퍼토리와 당당한 모습에 우리 식구들은 신기해하며 그 연주자 앞에 모여들었고, 너는 이이들의 부추김으로 일녈실에 그분의 바이올린을 잡고 연주를 하게 되었다. 거리 공연, 즉 버스킹busking을 드디어 해 본 것이다.

요샛말로 '근자감'이라고 하던가. 최소한 헝가리 그 여자 분(거의 할머니)보다는 연주를 더 잘할 자신이 있기에 버스킹에 대해 본격적으로 생각을 하게 되었다. 마침 한국에서 아마추어 오케스트라 활동을 같이했던 지인 두 사람이 자그레브로 여행을 오게 되었다. 그들에게 버스킹 얘기를 꺼내자마자 오케이 대답이 떨어졌고 악보와 보면대까지 챙겨 자그레브로 날아왔다. '진짜 가지고 오다니.' 오히려 내가 더 당황스러웠다. 자그레브 공항에 바이올린을 들고 나타난 그들을 보자 갑자기 심장이 쿵쾅거리면서 내가 무슨 짓을 한 건지 어지러워지기 시작했다. 이스탄불 공항에서 그들의 짐이 도착하지 않아 배송 받을 우리 집 주소를 적어 놓고 오면서 그 가방 속에 있다는 악보와 함께 가방이 도착하지 않으면 좋겠다는 생각이 들 정도였으니……

내 바람과 달리 가방은 그다음 날 무사히 도착했고 가방 속에서 악보를 꺼내어 일단 연습을 해 보았다. 다른 방에서 듣던 남편은 별말이 없었다. 하긴 내가 들어도 별로였으니……. 어쨌든 시간은 흘러 드디어 출발하는 날이 되었다. 며칠 전부터 준비한 각종 국과 반찬을 냉장고에 가득 채우고 결혼 후 처음으로 남편과 애들을 버리고 뒷좌석엔 바이올린을 실은 채 여행을 시작했다.

첫 번째 버스킹은 자다르Zadar에서였다. 영화감독 앨프리드 히치콕이 세상에서 일몰이 가장 아름답다고 했던 그곳 자다르. 유서 깊은 성당 옆 공터에서 쭈뼛쭈뼛 악기를 꺼내고 악보를 세팅하고 연주를 시작했다. 왈츠, 미뉴에트, 팝송과 가요를 연주했고 아리랑으로 마무리를 했다. 지나가던 한국인 부부가 마지막까지 힘차게 박수를 치며 격려를 해 주었고, 소심하게 뒤에 열어 둔 바이올린 케이스까지 와서 동전을 던지고 가는 행인도 있었다. 25분 정도의 연주 후 후들거리는 다리로 숙소로 돌아왔고, 그렇게 버스킹은 시작되었다.

자그레브에서 처음 연습을 했을 땐 과연 이런 상태로 거리에 나갈 수 있을까, 괜히 망신만 당하는 것 아닐까 했는데, 자다르 숙소에서 연습을 한 결과 점점 나아지는 소리를 만들 수 있었다.

다음 여행지였던 두브로브니크에선 다행히(?) 버스킹을 할 수가 없었다. 숙소가 구도심에서 버스로 이동을 해야 하는 곳에 있었고 날도 무더워 바이올린을 들고 왔다 갔다 하는 게 무리라고 의견이 모아졌던 것이다. 버스킹의 부담이 없어지니 두브로브니크의 아름다운 모습이 눈에 아주 잘 들어왔다.

자다르에서의 첫 번째 버스킹을 무사히 마치고 자신감이 생기는 듯했는데 한국인 관광객이 많은 스플리트에서 버스킹 장소를 찾다 보니 다시 소심병이 도져 광장에서는 도저히 연주를 못 하겠다는 생각이 들었다. 원래 숫기도 없는 데다 연습 부족으로 충분히 준비되지 않은 연주가 영 자신이 없었기 때문이다. 함께 연주했던 지인은 좀 더 자신감을 가지고 광장에서 연주하자고 했으나 결국 행인들이 많이 안 다니는 좁은 골목길에서 두 번째 버스킹을 하고 말았다.

마지막 곡 아리랑을 연주하는데 어떤 한국 남자분이 급히 걸어왔다. 어디선가 아리랑이 들려 골목골목 찾아서 왔다며 너무 반갑다고 하는데 왜 이리 우리가 더 반갑던지……. 그분은 세계 여러 나라를 여행했는데 한국인이 바이올린으로 버스킹을 하는

자다르에서 버스킹_시작은 미약했다.

세르비아에서 만난 버스킹하는 소녀들

반 엘라치치 광장에서 버스킹하는 청년들

건 처음 보았다며, 이런 연주가 더 많아져서 한국인도 문화적으로 성숙하다는 걸 알렸으면 좋겠다고 했다. 사실 악기를 전공한 사람이 여행 중 악기를 가지고 다니면서 버스킹을 하는 일은 극히 드물 것이다. 오히려 우리 같은 어리어리한 아마추어들이 버스킹엔 더 적극적이지 않을까.

여행을 마치고 자그레브에 돌아와 마무리 연주를 하자고 의견을 모아 대성당 앞에서 다시 악기를 꺼내 들었다. 우리 식구들과 한인 교회 사람들이 둘러서서 청중이 되어 주었다. 버스킹 연주 사상 가장 많은 청중을 앞에 두고 연주를 할 수 있었다. 한국에서라면 감히 상상도 하지 못할 버스킹을 크로아티아에서 하다니……. 내 버킷 리스트에서 버스킹은 이제 지워도 될 듯하다.

(이혜정)

크로아티아어를 공부하면 좋은 점

"크로아티아어를 잘하려면 노래하듯 말하세요~"

크로아티아어 선생님인 타냐가 첫 수업 날 한 말이다. 나는 한 학기가 끝난 지금도 타냐의 그 첫마디를 잊을 수가 없는데, 왜냐하면 듣는 순간 많은 것이 담겨 있으리라 직감할 수 있었기 때문이다.

노래하듯 말하라. 말은 참 쉽다. 하지만 노래를 못하는 사람에게 노래하듯 말까지 하라니, 어딜 가든 입을 닫고 살아야 하나. 비꼬지 않고 이해하자면, 슬라브어의 특성 때문에 저런 말을 했을 것이다. 이곳 사람들의 대화를 가만히 듣고 있자면 정말로 흥얼거리듯 부르는 노래 같을 때가 있다. 크게 선언하듯 말을 시작해 갑자기 조곤조곤 다음 단어를 소리 내기도 하고, 엇박자로 단어가 치고 들어오다가 문장이 끝날 즈음엔 다시 정박을 지킨다. 말의 리듬이 굉장히 독특한 언어가 바로 크로아티아어이다.

크로아티아에 오기 전부터 언어를 배우고자 마음먹은 것은 아니다. 순전히 비자를 받고자 크로아티쿰Croaticum이라는 언어 교육기관에 등록한 것이 그 시작이었다. 한 학기에 600유로를 내면 하루에 두 시간 반씩 크로아티아어를 배울 수 있고 친구도 사귈 수 있는 데다 반년간의 임시 거주 허가증을 신청할 명목으로 더할 나위 없으니 금상첨화라고만 생각했다. 그러나 한 단어 한 단어 이곳의 말이 늘수록 언어를 배우기 참 잘했다 생각할 때가 많다.

돌라츠 시장에서 야채를 파는 아주머니들은 내 크로아티아어를 무척 좋아한다. "이거 직접 키우신 시금치예요?" 한마디에 나와 그녀 사이의 공기가 바뀐다. 재미있는 것은 주변 사람들의 반응인데, 무심코 지나가던 사람들도 나와 아주머니가 대화할 때면 희한하다는 양 걸음을 멈추고 슬그머니 우리의 대화를 엿듣기 시작한다. 마음속으로는 "그래요, 이 시금치 직접 키운 놈들이에요." 정도의 짧은 대답을 해 주기를 바란다. 그래야 내 엉터리 크로아티아어 실력이 탄로 나지 않으니까. 하지만 이따금 속사포로 질문을 쏟아 내는 상인들 앞에서는 조용히 한마디 덧붙인다. "Molim, Polako! Polako!(제발, 느리게! 느리게요!)"

아무튼 이렇게 현지어로 대화를 나누다 보면 내가 마냥 이방인은 아니라는 자신감이 생긴다. 그들도 나를 좀 더 따스한 눈으로 바라본다. "학생, 우리 크로아티아 사람들은 명이나물을 샐러드에 넣어 생으로 먹는다오." 하며 한 줌, "이맘때 체리가 무척 달콤한데 알란가 몰라." 하며 한 주먹. 종이봉투가 두툼해진다. 함박웃음을 보이며 사양하지 않는 것이 내가 할 수 있는 최선이다. 입

크로아티쿰 교실 풍경

같은 반 친구 리마떼_기녀는 반칸반
도의 리투아니아에서 왔다.

반 친구인 리만떼와 나초와 함께_같은 언어를 공부하는 이방인이라는 점이 우리를 뭉치게 했다.

장을 바꾸어 생각해 보면 자연스러운 일일지도 모른다. 외국인이 어수룩한 한국말로 이것저것 물으며 수줍어한다면 이것저것 얹어 주지 않을 상인이 어디 있겠는가?

물론 크로아티아어를 배우는 것이 그리 녹록지는 않다. 같은 것을 지칭하는 경우라도 상황에 따라 어미가 계속 바뀌는 등 문법이 참 헷갈린다. 예를 들면 이런 식이다. 햄버거 하나를 말할 때도 많은 것을 고려해야 한다. ① 햄버거를 먹다, ② 햄버거를 그리워하다, ③ 햄버거를 먹으러 가자, ④ 어이~ 거기 햄버거! ⑤ 토마토가 햄버거 위에 올려져 있다. 이 다섯 문장을 크로아티아어로 말하려면 다섯 경우 모두 각기 달라지는 햄버거의 어미변화에 대해 알고 있어야 한다. 가만히 노트에 써 보는 것도 어려운데 순발력 있게 이를 생각하며 대화하는 것은 손발에 땀이 나는 일이다.

인접 국가인 세르비아, 불가리아, 슬

ABCČĆDDž
ĐEFGHIJKL
LjMNNjOP
RSŠTUVZŽ

크로아티아 알파벳

로베니아는 크로아티아와 거의 비슷한 말을 쓴다. 여행을 가 무턱대고 크로아티아어를 하면 서로 의사소통이 되어 신기할 때가 참 많다. 심지어는 러시아어와도 30% 정도의 단어가 똑같다고 한다. 크로아티쿰에서 사귄 러시아 친구 마리나는 남들보다 유독 크로아티아 말을 빨리 배워서 모두의 부러움을 샀다. 우리말과 비슷해 남들보다 빨리 배울 수 있는 외국어가 있으면 얼마나 좋을까?

변성기가 온 14세 이후로 만 10년간을 틈틈이 노래 연습을 했다. 여전히 내 노래는 형편없다. 노래하며 말해야 한다면 평생 크로아티아어를 그리 잘하지는 못할 것 같다. 한참을 까먹고 있다가 이따금 추억에 젖어 불러 보겠지. 일단 한국으로 돌아가는 연말까지는, 매일 조금씩 공부하려 노력해야겠다.

(맹주성)

크로아티아에서 커피 마시기

서글프다. 이 더운 여름에 아이스커피를 마시지 못하다니. 한 평 남짓 되는 테이크아웃 전용 카페든 100년 넘었다는 광장 옆의 카페든, 어디에서도 얼음이 동동 뜬 달달한 커피를 찾을 수 없다니. 카페에 홀로 앉아 분노하며 주위를 둘러보니 이 나라 사람들은 별로 개의치 않나 보다. 아이 주먹만 한 잔의 에스프레소를 시켜 놓고 삼삼오오 웃기 바쁘다. 이 더운 여름에 뜨거운 음료를 저리 자연스레 마시다니. 웬만큼 커피를 좋아하지 않고서는 해내기 어렵다. 그렇다. 이곳 사람들의 커피 사랑은 유별나다. 다른 유럽 국가들은 어떨지 모르지만, 크로아티아는 생활 전반에 이탈리아의 영향을 많이 받았고 따라서 카페 문화를 빼놓고 크로아티아를 생각할 수는 없다.

매일 마시는 커피지만 자그레브 사람들에게 토요일 오전에 마시는 커피는 사뭇 특별하다. 현지 사람들은 이 시간을 '슈피차spica'라고 부르는데 아침 반나절 동안 좋아하는 카페에 모여 점심까지 커피를 마시는 일종의 의식이다. 토요일 오전 10시, 카페와 펍pub이 모여 있는 트칼치체바Tkalčiča 거리 초입에 서면 이들을 볼 수 있는데, 끝없이 이어지는 노천 테이블에 빼곡히 모인 인파에 감탄하고 진하게 풍기는 커피 냄새에 또 한 번 놀라게 된다. '정말로 유럽에 왔구나!' 실감하기에 좋다.

신문을 하나씩 들고 마주 앉은 노부부, 커피 맛을 알기나 할런지 자기들끼리 신나서 떠들어 대는 중학생들, 눈 밑이 퀭한 게 새벽까지 '달린' 것 같은 젊은이들도 커피를 시켜 놓고 지난 한 주를 돌이킨다. 실컷 늦잠을 자는 것보다

자그레브의 카페 거리_트칼치체바 거리는 항상 커피 마시는 이들로 붐빈다.

맹씨 가족의 **크로아티아** 365일

훨씬 건강하게 주말을 시작하는 방법이다. 아니, 주중에 야근도 없고 학교 끝나고 학원에 갈 필요도 없으니 늦잠 잘 필요가 없는 건가?

크로아티아는 스타벅스가 진출하지 못한 몇 안 되는 유럽 국가다. 내가 생각하는 이유는 두 가지인데, 첫째는 이곳 사람들은 커피를 테이크아웃하는 경우도 없거니와 한 번 앉으면 너무 오랫동안 자리를 차지하고 있기 때문에 회전율을 생각할 때 최악의 시장이라는 것이다. 둘째는 이곳 사람들은 뜨거운 에스프레소 외의 다른 커피 음료에 상당히 보수적이라는 것이다. 한국에서 흔하디흔한 테이크아웃 커피 잔이라든지 얼음 동동 띄운 아이스 아메리카노 같은 것은 구경하기 힘들다.

이 나라 사람들이 먼저 커피 마시자고 제안한다면 기뻐해도 좋다. 당신과 최소 두 시간은 함께 있고 싶다는 호감의 표시다. 에스프레소를 홀짝 마시고 나가는 이탈리아 사기꾼들과 자기네는 다르다며, 짧게 끝나지 않을 티타임에 대해 미리 경고하는 이들도 많다. 메뉴판도 보지 않고 그저 '카페 세 개 주세요~' 하면 에스프레소 세 잔을 내오는데, 한 입 거리인 원액을 100번 정도로 나눠 마시는 것도 이 사람들의 능력이라면 능력이다. 카페에 들어가 '카페라테'를 시키면 에스프레소 원액의 두 배밖에 안 되는 뜨거운 우유 거품을 얹어 주는데, 유럽식 마키야토란다. 미국식 라테에 익숙한 우리 가족은 그 거품마저 감사하며 마실 때가 많다. 촌스럽지만 별수 없다. 한국의 커피 음료는 철저히 스타벅스에서 파생된 미국식이라는 것을 여기 와서야 알았다.

이곳의 카페는 모두의 공간이다. 어린아이들끼리 와서 주스를 시켜 먹기도 하고, 해가 중천일 때는 젊은 사람들보다 노인들이 더 많이 앉아 있을 때도 있다. 카페 문화가 100년도 더 된 곳이니 지금의 노인들도 젊었을 때부터 둘러앉아 커피를 마셨을 게다.

나는 대학교에 입학하기 전까지 카페라는 곳이 있는지도 잘 몰랐다. 중학교, 고등학교 때 나름 '여가' 없이 공부를 했거니와 동성 친구들과 뭉쳐 갈 곳은 피시방과 노래방뿐이었기 때문이다. 남자들끼리 모여 앉아 차를 마신다는 것은 괜스레 낯 뜨겁다고 생각했다. 이따금 길을 가다 유리창 너머 카페를 들여다보면 대학생들과 아줌마들만 가득했기에 우리 같은 '풋내기'는 들어가면 안 될 것만 같았다. 같은 길을 스쳐 갔을 아저씨들과 노인들도 아마 나와 같은 생각을 했겠지. 한국의 카페 문화는 아직 젊은이와 주부의 전유물이지만, 모쪼록 지금의 청년이 노인이 될 즈음에는 한국의 카페가 유럽처럼 모두가 모이는 공간이 되었으면 좋겠다.

'커피 한잔의 여유를 아는 사람이 되자'는 말은 이제는 꽤 진부하다. 누군가와 마주하고 서로의 삶을 나누는 것을 좋아하는 사람, 즉 품이 넓은 사람이 되자는 뜻으로 이해하면 더 와닿는다. 토요일 오전 트칼치체바 거리에 서면 그런 사람들을 무더기로 볼 수 있다. 전역 직후에 이곳에 와서 그런지, 한국의 사회를 돌이킬수록 그 각박함이 선명하다. 나는 한국에 돌아가 '슈피차'를 지키며 살 수 있을까? 에스프레소 향이 그리운 밤이다.

(맹주성)

자그레브의 나이트 라이프

우리나라의 '불금(불타는 금요일)'처럼 크로아티아 사람들도 금요일 저녁을 꽤나 시끄럽게 보내는 것을 선호한다. 5일간 열심히 일하며 주말만 기다리는 우리와 달리 이들은 주말까지 참지 못해 주중 하루를 정해 '가볍게' 놀아 준다.

수요일 저녁이 그렇다. 대부분의 바에서는 수요일 저녁을 'Student Night'라 부르며 대학생을 대상으로 음료 할인 등의 이벤트를 연다. 금요일 밤이 진짜 어른의 시간이라면, 수요일 밤은 시간은 많은데 주머니는 가벼운 대학생의 시간이다. 자그레브 전체 인구수가 80만 명 정도인데 자그레브 대학의 학생 수만 8만 명 가까이 되니, 자그레브는 영락없는 대학 도시이자 젊은 도시다. 대학생을 타깃으로 이러한 프로모션을 진행하는 영업 전략은 그래서 꽤 설득력이 있다.

수요일 밤을 대학생들 틈에서 보내거나 젊게 금요일 밤의 열기를 즐기고자 하는 '성인 여행자'라면 어디를 들러야 할까? 자그레브가 그리 왁자지껄한 동네는 아니지만 그나마 '핫하다'는 장소를 꼽아 보았다. 크로아티아 유일의 라이브 재즈 바, 오래된 지하창고에서 고즈넉한 분위기를 즐길 만한 와인 바, 크로아티아 사람들의 춤사위를 확인할 수 있는 호숫가의 클럽 등이다. 직접 가본 곳만을 소개했으며 주요한 선정 기준은 가격 대비 만족도이다. 저녁을 조금 더 색다르게 보내고자 하는 이들에게 방문을 권한다.

여기서 잠깐! 만약 자그레브에 하루나 이틀만 묵을 여행자라면 과감히 이곳들을 건너뛰기를 권한다. 가스등 켜진 구도심을 마치 유령이 된 것처럼 느릿느릿 배회하는 쪽이 자그레브의 진짜 매력을 음미하기 위한 방법이다. 특히 성수기에 크로아티아를 방문하는 관광객이라면, 사람 없는 밤거리를 걱정 없이 걷는 일은 그맘때의 유럽에서는 자그레브에서만 누릴 수 있는 특권이다. 매년 7~8월이면 이곳 사람들은 각자의 여름을 보내려 다들 해안가로 피신해 오히려 한산하기 때문이다. '내일 뭐 하지?' 하며 걱정 없이 조용한 밤을 음미하는 일이야말로 여행을 떠나와서만 할 수 있는 일이리라.

대성당 뒷거리의 밤_자그레브의 밤거리는 생각보다 조용하다.

Bacchus Jazz Bar (위치: Trg kralja Tomislava 16, 10000, Zagreb)

자그레브 유일의 라이브 재즈 바. 기차역에서 도보로 3분가량 거리에 위치한다. "Bacchus"라고 쓰여 있는 네온사인을 보고 들어가면 정원을 끼고 내려가는 조그마한 지하 재즈 바를 찾을 수 있다. 매주 금요일 저녁 8시경부터 3시간가량 라이브 재즈 공연이 열린다. 매주 연주하는 팀이 다르나 공연의 수준은 평균적으로 무척 높다. 크로아티아의 유일무이한 라이브 재즈 클럽이니, 재즈 뮤지션을 꿈꾸는 크로아티아 사람이라면 자의든 타의든 이곳에서 데뷔할 수밖에 없다. 금요일 밤 콘서트 값으로 1인당 20쿠나만 더 지불하면 된다. 음료는 별도이나 거저나 다름없다. 현금 결제만 가능하다. 자그레브 공기와 재즈 선율은 묘하게 통하는 데가 있는데 백문이 불여일견이다.

Mali Medo (위치: Ul. Ivana Tkalčićeva 36, 10000, Zagreb)

트칼치체바 거리의 가격 대비 만족도 최고의 수제 맥줏집. 각기 개성이 다른 8종류의 수제 맥주를 판다. 3~4개의 같은 점포가 트칼치체바 거리 양쪽을 따라 붙어 있다. 내부에도 자리가 있으나 이곳 사람들은 노천 테이블을 훨씬 선호하는지 겨울에도 가게 밖에서부터 사람이 찬다. 진짜 현지인 흉내를 내고자 하는 여행자라면 노천에 앉아 맥주를 즐기는 것은 어떨까. 말리 메도Mali Medo는 우리말로 '아기 곰'이라는 뜻이다. 자그레브 도심 북쪽의 메드베드니차, 즉 '곰 산'에서 양조를 해 오는데 거기서 만들었으니 아기 곰이라 부른다는 이치다. 수제 맥주

수제 맥줏집의 맥주

500cc가 우리 돈으로 2500원가량이다. 지갑 걱정 없이 술과 분위기에 취하기 좋다. 여러 맥주 맛이 궁금하다면 네 가지의 맥주를 조금씩 다 내어주는 샘플러Sampler를 추천한다.

Vinoteka Bornstein (위치: Kaptol ul. 19, 10000, Zagreb)

크로아티아 와인에 대해 속성 과외를 받고 싶다면 이 지하 와인 바보다 좋은 곳은 없다고 단언한다. 1인당 2만 원 안팎의 돈으로 총 6잔의 크로아티아 와인을 마셔 볼 수 있다. 빨간 벽돌로 만들어진 와인 저장실 안에 들어서자마자 시큼한 와인 내음이 코안에 가득 찬다면, 제대로 찾아간 것이다. 시골 포도밭에서 나고 자란 웨이터가 지역마다 다른 크로아티아 와인을 따라 주며 곁들이는 설명은 하나하나가 주옥같다. 6잔의 와인 샘플러는 정가가 200쿠나(약 3만 4000원)이나 이를 반으로 나누어 두 명이 마시는 것이 가능하다. 오히려 이러는 편이 적당히 취하기에 더 좋다. 병으로 와인을 산다면 크로아티아의 대표 품종인 플라바츠 말리Plavac Mali를 추천한다.

Club Gallery (위치: Aleja Matije Ljubeka, 10000, Zagreb)

명실상부 자그레브에서 제일 유명한 클럽. 특히 여름 시즌에만 개장하는 호숫가의 야외무대가 인상적이다. 클럽에 자주 가 보지 않아 다른 곳과 비교하기는 어려우나, 야룬Jarun 호수와 난간 하나를 사이에 두고 열정적으로 춤추는 수백 명의 크로아티아 젊은이들의 열기가 이루 말할 수 없이 뜨겁다. 클럽 용어로 이를 어떻게 표현하는지 잘 모르겠으나, 새벽 두 시가 넘어가면 대중탕과 비슷한 느낌이다. 열기 때문에 답답한 느낌이 든다. 모쪼록 다음 두 숫자를 유의하자. 남자 183cm, 여자 169cm. 크로아티아 남녀의 평균 신장이다. 잘

차려입은 거인들 틈에서 질식하지 않으려면 나름의 자구책이 필요하다.

(맹주성)

크로아티아의 케이팝 파티

"KPOP 열풍, 중국을 넘어 세계로"
"SM, YG, JYP 등 대형 기획사 소속 아이돌, 해외에 두터운 팬층 보유"

크로아티아에 가기 전에 흔히 봤던 케이팝 관련 기사 제목들이다. 사실은 별거 없는데 자부심 혹은 허영심을 느끼게 하려고 일부러 자극적으로 기사 제목을 뽑은 줄 알았다.

그리고 2016년 6월 17일, 크로아티아인 친구 미니와 함께 가게 된 케이팝 파티에서 나는 깜짝 놀랄 수밖에 없었다. 한국말도 할 줄 모르는 크로아티아인 수십 명이 "불타오루네" 하며 방탄소년단의 「fire」를 따라 부르고 있었던 것이다. 그 노래뿐만 아니라 다른 케이팝 아이돌의 노래가 나올 때에도, 가사 뜻도 제대로 모르면서 리듬과 멜로디 그리고 그 분위기에 취해 다 같이 춤추고 노래하고 있었다.

더 놀란 것은 나에 대한 관심이었다. 내가 클럽 문을 열고 들어가자마자 거기에 있던 대부분의 사람들이 나를 유심히 쳐다봤는데, 모르는 척하고 춤을 추기 시작하자 몇몇 사람들이 다가와 어디서 왔냐고 물어보았다. 한국에서 왔다고 대답하자 눈이 휘둥그레지며 "그럼 오늘 나랑 같이 놀자!"라고 하는 것이었다. 그 파티에 왔던 사람들 중 한국인은 고사하고 아시아 사람이 나 혼자

였기에 더 그런 반응을 보였지 않았나 싶다. 그들은 궁금한 것이 많은지 나에게 이것저것 물었다. 한국인이 보기엔 이 케이팝 파티가 어떤지, 한국인들은 케이팝에 대해 어떻게 생각하는지, 심지어 한국인들은 아이돌처럼 하나같이 귀엽고 잘생겼냐고(내가 대표적인 예외라고 말해 주자 이해했다는 듯 전원 아무 말 없이 고개를 끄덕였다).

그들과 한참 대화를 나눈 후 다시 춤을 추기 시작하는데, 건너편에 특히 다른 사람보다 춤을 잘 추는 친구들이 눈에 보였다. 그들은 그냥 클럽 춤을 추는 것이 아니고 정말 안무에 맞춰 춤을 추고 있었다. 하도 신기해서 미니에게 저 친구들은 어떻게 저렇게 춤을 잘 추냐고 물어보니, "저 사람들은 케이팝 댄스팀 팀원들이야."라고 대답했다. "케이팝 댄스팀?" 하고 물어보니, 크로이티아 전역에는 케이팝 댄스팀이 여러 개 있는데, 그들 중 자그레브에 있는 댄스팀인 라임 라이트Lime Light와 미스트Mist가 가장 유명하고, 저들은 미스트 소속 팀원들이라는 것이었다. 클럽 댄스팀도, 미국 가요 댄스팀도 아닌 케이팝 댄스팀이라니!! 난 놀랄 수밖에 없었다. 케이팝이 그냥 들었을 때 흥겨운 노래라는 차원을 넘어, 외국 친구들로 하여금 한 그룹을 만들고 움직일 수 있게 하는 동

케이팝 파티의 한국 대사님_가운데 넥타이 차림의 신사. 요샛말로 뻘쭘히 서 계신 모습이 인상적이다.

기가 될 수 있다니! 수없이 쏟아지던 케이팝에 대한 기사들이 괜히 나온 게 아니었구나 하는 생각이 드는 순간이었다.

　클럽을 다녀온 후 많은 시간이 흘러, 지금 이 글을 쓰는 순간에도 나는 그날 그때 클럽의 분위기를 잊을 수 없다. 가슴 벅찬 얼굴로 방탄소년단의 노래를 다 같이 '떼창' 하던 그때의 분위기를 말이다. 지금도 석 달에 한 번 정도 KSET 이라는 곳과 KPOP TOWN이라는 페이스북 페이지에서 케이팝 파티 정보를 공유하고 있다. 이때마다 크로아티아 친구들이 자기는 내일 클럽에서 이러이러한 노래를 듣고 싶다며 신청곡을 보내는데, 지금도 그런 글들을 볼 때마다 괜스레 가슴이 설렌다. 비단 크로아티아뿐만 아니라 유럽의 다른 도시에서도 케이팝 파티를 하는 것을 자주 볼 수 있기에, 유럽에 가는 사람이라면 꼭 한번 가 볼 것을 추천한다.

(맹주형)

체밥치치

　"삼겹살 먹으러 갈래?"처럼 따뜻한 말이 또 있을까? 노릇노릇하게 구워진 고기, 노르스름한 조명 아래 웃고 있는 사람들, 그리고 오가는 소주 한 잔에 싹트는 정. 이 모두를 생각나게 하는, 한국에서 제일 따뜻한 음식은 삼겹살일 것이다.

　크로아티아에 가기 전까지만 하더라도 우리나라 사람만 음식을 통해 이런 특권을 누리는 줄 알았다. 이곳 사람들은 그냥 항상 소시지에 빵만 먹기 때문에 음식 앞에 모여 따뜻한 정을 나누는 즐거움을 모른다고 생각했던 것이다. 그런 내 생각을 바꿔 준 건 다름 아닌 발칸의 대표 음식, 체밥치치였다.

체밥치치란 쇠고기, 양고기 등을 손가락 모양으로 뭉친 다음 그릴에 구운 음식이다. 그다지 특별할 것 없다고 생각되는 이 음식은 내 입에 들어갔을 때 고정관념을 바꿔 버렸다. 어금니로 살짝 힘주어 물면 그 안에 찬 육즙이 주르륵 흘러 목뒤로 넘어가고 이내 양과 소고기 향이 적당히 어울려 코끝에 찬다. 그 언제라도 이 체밥치치와 와인 한 잔이면, 집 나간 며느리도 돌아오게 한다는 가을 전어처럼 모두를 행복하게 할 수 있을 것만 같다. 그만큼 맛있는 음식이다. 또한 우리가 사랑하는 삼겹살과의 다양한 유사점도 찾을 수 있다.

그 예로 우리가 삼겹살에 파무

식당에서 먹는 일반적인 체밥치치_생양파를 곁들이는 것이 특징이다.

흔한 크로아티아의 식당 메뉴판_대부분의 메뉴에 체밥치치가 들어간다.

침을 곁들여 먹는 것처럼 크로아티아 사람들은 체밥치치에 생양파를 곁들여 먹는 것을 좋아한다. 또한 우리가 삼겹살을 쌈장에 찍어 먹는 것처럼 여기 사람들도 아이바르Ajvar 혹은 카이마크Kajmak에 찍어 먹는다. 아이바르란 파프리카와 가지를 냄비에 넣고 오랜 시간 뭉근하게 끓인 주황빛의 소스이고, 카이마크란 우유를 발효시킬 때 생기는 우유 지방의 윗부분을 걷어 낸 것으로 치즈의 원형이라고 보면 된다. 주식인 빵과 체밥치치, 양파, 소스 등을 같이 먹는 것이 여기 사람들의 방식이다. 마치 우리가 주식인 밥과 삼겹살, 파절이, 쌈장 등을 같이 먹는 것처럼.

문득 크로아티아 친구들이 체밥치치를 어느 정도로 좋아하고 있는지 궁금해서 그들이 생각하는 가장 크로아티아다운 음식이 무엇인지 물어보았다. 가장 많이 뽑는 것이 체밥치치였는데, 그 이유는 단순했다. 그만큼 자주 그리고 많이 먹기 때문이었다. 집에 친구들을 초대할 때도, 연인들끼리 데이트할 때도 항상 체밥치치를 빼놓지 않는다고 했다. 맛있는 와인이 많은 크로아티아에서 와인 한잔에 같이 먹을 안주로도 제격이다. 그만큼 뜨거운 사랑을 받는 음식인 것이다. 오죽하면 유명한 작업 멘트 중 하나가 '오빠랑 체밥치치 먹으러 갈래?'이랴.

이처럼 크로아티아에서 체밥치치는 무수한 사람들의 사랑을 받는 음식이기에, 크로아티아에 가게 된다면 반드시 레스토랑에 들러 체밥치치를 먹어 보기 바란다. 곁들일 와인이 있다면 금상첨화일 것이다.

(맹주형)

수영

누가 나에게 남녀노소 즐길 수 있는 스포츠를 물어본다면 주저하지 않고 수영이라고 답할 것이다. 수영은 처음 배울 때는 어렵지만 익숙해지고 나면 걸어 다니는 것만큼 쉬운 운동이다. 또한 아이들의 신체 발달에 좋고, 관절이 안 좋아진 노인들이 하기에도 좋은 운동이다. 우리 부모님 세대는 이를 일찍이 알았는지, 자녀들을 어릴 적부터 수영장에 보내곤 했다.

나도 예외는 아니었다. 성이 '맹'이라서 별명이 '맥주병'이었던 나는 수영만큼은 맥주병이 되면 안 되겠다는 생각에 어린 시절 수영을 굉장히 열심히 했던 것으로 기억한다. 그렇기에 나는 수영에 대한 자부심이 있었고, 그 자부심은 크로아티아에 올 때까지 지속되었다. 그러나 이 자부심은 크로아티아에서 '완전히' 박살 나 버렸다.

처음 크로아티아 사람의 수영 실력을 본 것은, 막시미르 공원Park Maksimir 근처에 좋은 수영장이 생겼다고 해서 친구 미니와 같이 갔을 때였다. 수영을 잘하냐고 물어봤을 땐 그저 그렇다고 대답하던 미니가 아무렇지 않게 입영을 하고 물 만난 고기처럼 수영을 잘하는 것이었다. 미니는 크로아티아인이면 대부분 이 정도는 할 수 있다고 했다. 그때 당시에는 별로 믿을 수 없었던 이 말을, 두브로브니크에 갔을 때 사람들이 바다 위에 둥둥 떠 있는 것을 보고는 인정할 수밖에 없었다.

사람들이 아무렇지 않게 절벽 아래 바다에서 수영을 하고 있었다. 아니, 수영이라기보다는 가만히 서 있다는 표현이 더 적절했다. 이들은 정말 물과 하나가 되어 있었다. 가고 싶은 대로 움직이고 물을 즐기는 모습이 침대 위에서 뒹굴뒹굴하는 모습 같았다. 물과 하나가 된 그들을 보고 있노라니, 난 정말 우물 안 개구리였구나 하는 생각이 들며 한국에서 가져왔던 수영에 대한 자부심이 마구 구겨져 버렸다.

미니에게 크로아티아인들은 어떻게 그렇게 수영을 잘하냐고 물어보니, 해

라브섬의 이름 모를 해수욕장

두브로브니크 부자(buza) 카페_성벽과 절벽 틈새에 카페가 자리한다.

안가에 사는 사람들은 물론이고 육지에 사는 사람들 대부분이 '여름 별장 summer house'을 가지고 있기에 어릴 적부터 바다에 자주 놀러 간다고 했다. 여름마다 해안가에서 수영을 하며 노는 시간이 많으니 자연스럽게 수영을 잘하게 된다는 것이었다.

이들은 보통 할아버지나 할머니 명의로 되어 있는 여름 별장에 매해 놀러가 여름을 보내고 온다. 파라솔 하나 쳐 놓고 모래사장에 가만히 누워 휴식하는 것이 모든 것이 불타 버릴 것만 같은 발칸 반도의 여름 날씨를 나는 방법이었던 것이다. 잔잔하게 들려오는 파도 소리는 덤으로 말이다.

당신이 만약 크로아티아에 가서 진정한 여름을 보내고 싶다면, 두브로브니크 부자 카페에 가서 맥주만 마실 것이 아니라 발칸인들의 숨결이 담겨 있는 시원한 바다로 뛰어들어 바다와 한 몸이 되는 것을 꼭 경험해 보기 바란다.

(맹주형)

3. 자그레브 구도심 워킹투어

크로아티아는 어떤 나라인가

　크로아티아는 인구 410만 명의 국가이다. 현지인들은 크로아티아라는 이름 대신 흐르바츠카Hrvatska라는 말로 자신들의 나라를 부른다. 2014년 1월 〈꽃보다 누나〉 방영 이후 한국인 관광객이 급증했으나(2013년 7만 5000명, 2014년 27만 5000명, 2015년 34만 명, 2016년 9월까지 29만 8000명) 아드리아해와 접한 달마티아 연안은 전통적으로 유럽 사람들의 휴양지였다. 2015년 기준 미국인 관광객이 30만 명, 일본인 15만 명, 중국인 8만 명이니 유독 많은 한국인이 현재 이 나라를 방문하는 것이 특이하게 보일 수밖에 없다.

　크로아티아는 GDP의 20% 가까이가 관광산업에서 나오는데 이는 크로아티아 내 제조업 및 서비스업 시장이 부실하여 관광업 말고는 나라의 동력이 부족하다는 것을 의미한다. 일례로 자그레브 대학교 기계공학과를 다니며 만난 미하엘라라는 친구는 항공우주공학을 전공했는데, 크로아티아에는 관련

산업 및 부처가 아예 없어 졸업생의 100%가 독일 등지로 유학이나 이민을 간다고 한다. 부실한 산업 기반은 많은 젊은이들의 해외 유출로 이어지며, 대학에서 공부하는 학생들의 상당수가 이민을 생각하고 있다.

자그레브 한국어 가이드_〈꽃보다 누나〉 열풍의 산증인

반면, 관광산업이 발달한 만큼 여름 휴양 문화가 발달되어 있다. 대다수의 노동자는 4주 이상의 유급 휴가를 법령으로 보장받으며, 이에 소득의 고저를 막론하고 많은 이들이 바다 인근에서 휴가를 즐긴다. 1991년 독립 이전, 유고슬라비아 사회주의 연방 소속이던 크로아티아는 내수 경제 활성화를 위해 해안가 인근 부동산을 저렴한 가격에 내국인들에게 분양했고 그것이 시작이었다. 현지인들은 비켄디차Vikendica라고 부르는 해안가의 별장을 평소에는 비워 두다가 초여름에 가서 세팅하고 3개월을 사용하다가 다시 일상으로 복귀하는 식으로 이용한다. 해안가에 가서 꼭 무언가를 해야 할 것만 같은 우리와는 다르게 이 사람들은 그저 해안가에 누워 아무것도 하지 않으며 휴가를 보낸다.

흔히 동유럽으로 분류되지만, 이 나라 사람들은 그렇게 불리는 것을 달가워하지 않는다. 이건 중부유럽 국가들이나 남유럽과 동유럽에 걸친 나라들도 공통된 사항이다. 동유럽이라고 하면 낙후된 경제와 후진 정치 등의 느낌이 들어 그런 것 같다.

자그레브의 밤_수도라기엔 차분한 풍경이 오히려 이 도시의 매력이다.

자그레브 대성당 앞 로터리_구도심은 차가 지나다니지 못해 다들 이 로터리에서 차를 돌린다.

맹씨 가족의 **크로아티아** 365일

수도인 자그레브에는 크로아티아 총인구의 약 25%인 110만 명의 국민이 살고 있다. 로마가톨릭교 신자는 87%로 이는 국경을 접하는 세르비아의 정교회 신자가 85%에 달하는 것과는 정반대다. 이것은 역사적 이유 때문이기도 한데, 이로 인해 세르비아와는 역사적으로 거듭 갈등을 겪었다.

자그레브는 중부유럽 교통의 요지로서 서유럽과 동유럽 사이의 가교 구실을 수행했다. 러시아를 횡단해 런던까지 이어지는 오리엔탈 익스프레스가 자그레브를 통과하며, 현재 기차역 앞에 위치한 에스플라나다 호텔Esplanada Hotel

크로아티아 내전(유고슬라비아 내전): 1991년 6월 25일부터 1999년 6월 10일까지 지속된 구 유고슬라비아에서 발발한 내전

제1차 세계대전이 끝나고 전승국이던 세르비아가 오스트리아–헝가리 제국의 속국이던 슬로베니아와 크로아티아를 합병하여 세르비아–크로아티아–슬로베니아 연맹을 결성하고, 그 후 몬테네그로도 합병하면서 1929년 유고슬라비아 왕국으로 부상했다. 제2차 세계대전 이후 세르비아 지도자 티토가 유고슬라비아 전역을 장악하면서 유고슬라비아 사회주의 연방 공화국을 결성했다.

그 후 정치, 문화, 외교, 경제 등 다양한 분야에서 안정기에 접어들었으나 티토의 죽음 이후 기존의 이념 대립과 특히 경제 분야에서 하락세가 크게 보이면서 체제가 흔들리기 시작했다. 결국 1991년 6월 25일 크로아티아와 슬로베니아가 연방에서 탈퇴, 분리 독립을 선언했고, 세르비아가 이를 강력하게 비난하며 독립을 강제 진압하기 위해 군대를 파견하면서 내전이 시작되었다. 슬로베니아는 인구의 90%가 슬로베니아인들로 구성되어 있어 나라를 잠식할 방법이 없었던 세르비아는 겨우 10일간의 전쟁 끝에 슬로베니아의 독립을 인정해 버린다. 그 후 상대적으로 타민족 구성원이 많은 크로아티아에 집중하면서 어떻게든 독립을 저지하지만, 완강한 크로아티아의 독립 의지와 여러 환경 조건 때문에 결국 1992년 크로아티아의 독립을 승인하고 만다.

전쟁 후 크로아티아와 세르비아 인구 양방 합해 2만 명 이상이 목숨을 잃고, 25만 명 이상의 난민이 발생한다. 더욱이 크로아티아 군 사망자는 열악한 장비와 조직력 때문에 세르비아 군 사망자보다 두 배, 부상자는 일곱 배 더 많았다. 결과적으로 두 나라 사이에 갈등의 씨앗을 남겨 놓게 된 처지라 지금까지도 크로아티아의 노인층은 대체로 세르비아에 대한 혐오를 공개적으로 표현하는 편이다.

은 오리엔탈 익스프레스의 중간 기착지이자 연회장으로 쓰이기 위해 지어진 특급 호텔이다.

반 옐라치치 광장

반 옐라치치 광장Ban Jelačić Square은 크로아티아에서 가장 큰 광장이며 자그레브의 구도심과 신도심을 가르는 기준이기도 하다. 이곳을 경계로 북쪽이 구도심, 남쪽이 신도심이다.

대성당을 중심으로 성직자들 위주로 형성된 캅톨과 수공업자들의 모임인 중세의 길드를 중심으로 상인들이 모인 그라데츠는 개별적인 마을로 발전해 오다 이후 행정이 통합되어 지금의 자그레브를 이루었다.

1242년 몽골에 쫓겨 크로아티아까지 도망했던 헝가리의 벨라 4세는 그라데츠에 자치령을 내려 성벽을 쌓게 했다. 자세히 보면 카페 거리로 유명한 트칼치체바 거리를 기준으로 그라데츠와 캅톨의 경계가 명백한 것을 확인할 수 있는데, 그라데츠 성벽을 따라 건물들이 들어섰기 때문에 지금도 그 경계를 확인할 수 있는 것이다.

반 옐라치치 광장은 항상 사람들로 붐빈다. 특별한 이유가 있는데, 대개 현지인들이 약속을 잡는 기준점이기 때문이다. '내일 2시에 보자' 하고 위치도 말하지 않고 헤어진다면 반 옐라치치 광장에서 만나자는 암묵적인 뜻이다. 반 옐라치치 동상 주위나 멀리 하얀색 시계탑 주변에서는 멍하니 서 있는 사람들을 많이 볼 수 있는데 다 친구를 기다리고 있는 것이다.

반 옐라치치 광장은 그리 넓지는 않지만 나라의 제1광장답게 언제나 행사가 벌어지는 곳이다. 큰 야외무대가 설치된 콘서트나 하나의 주제를 다룬 박

반 옐라치치 광장

레누치의 말발굽

신도심을 보면 말발굽이 뒤집힌 형태로 녹지가 조성되어 있는 것이 눈에 띈다. 광장에서 기차역까지 나 있는 공원들에 이어 기차역 오른쪽으로, 그리고 다시 북쪽으로 공원들이 나란히 이어지는 형태다. 이는 1880년 자그레브 대지진 이후 도시 재건을 맡았던 레누치라는 도시 설계가의 작품이다. 도시에는 무엇보다 녹지가 필요하다는 것이 그의 철학이었고 이를 여실히 반영한 것이 지금의 자그레브 신도심이다. 시간이 되면, 레누치의 말발굽을 따라 녹지를 옆에 두고 거닐어 보는 것도 좋은 경험이 될 것이다.

반 옐라치치 광장

즈리녜바츠 공원

즈리녜바츠 공원_ 레누치 말발굽의 시작점으로 자그레브에서 가장 고즈넉한 공원이다.

그라데츠 성벽의 흔적_건물 둘레를 보면 옛 그라데츠 성벽의 흔적을 발견할 수 있다.

람회가 열리기도 하며, 축구 경기가 있으면 대형 스크린 앞에 모여 서서 다들 맥주를 마시기도 한다. 자그레브 주변의 작은 시골 마을에서는 관광 진흥을 위해 특산물을 가져다가 저렴하게 판매하며 판촉 행사를 연다.

대체 반 옐라치차라는 사람이 누구기에 나라에서 가장 큰 광장에 그의 이름을 붙였으며, 전국적으로는 200여 개의 거리에 이 사람의 이름이 붙어 있을까? 반 요시프 옐라치치Ban Josip Jelačić(1801~1859). 이 나라 말로 반Ban은 총독이라는 뜻이다. 그는 군 장성 출신으로 1848년부터 죽기 전까지 12년간 이 나라의 총독을 역임했다. 오스트리아 사관학교에서 교육을 받았고 7개 국어를 할 줄 알았다고 한다. 당시 크로아티아는 합스부르크 왕가(오스트리아 제국)의 시배를 받고 있었기에 그는 군인으로서 합스부르크 왕가 제국의 군대

반 옐라치치 광장_작아 보여도 크로아티아에서 가장 큰 광장이다.

반 옐라치치 동상

맹씨 가족의 **크로아티아** 365일

를 이끌었지만 마음속으로는 크로아티아의 안위를 위해 싸웠다고 한다.

당시 오스트리아 제국은 오스만 튀르크와 넓은 국경을 맞대고 있었고, 이에 오스트리아 제국은 접경지대에 군사 특별구를 설치해 특히 많은 수의 병사를 상주시키며 크고 작은 전투를 치렀다. 여기서 활약하던 옐라치치 대령은 어쩌다가 1848년 갑자기 정치 일선에 등장하게 된 것일까?

1848년은 유럽사에서 꽤 상징적인 해다. 프랑스에서는 2월 혁명이 일어나 공화국의 서막을 알렸고, 경제학자 카를 마르크스는 영국에서 독일어 초판으로 『공산당 선언』을 발표했다. 발칸의 상황도 급박하게 돌아갔다. 당시 동유럽의 가장 큰 패권을 쥐고 있던 오스트리아 제국에서도 불협화음이 일기 시작했다. 내부적으로는 자유주의의 확산으로 황제의 무능함과 보수적 정치 체제에 분노한 빈 시민들의 소요 사태가 일어났고, 외부적으로는 피지배 국가 중 가장 큰 나라인 헝가리 왕국에서 민족주의 혁명이 일어나 독립운동이 시작됐다. 오스트리아 제국의 지배를 받으며 헝가리의 눈치를 보던 크로아티아 내에서도 이 기회를 발판으로 크로아티아의 독립을 일궈 낼 수 있으리라 내심 기대하는 사람들이 늘어 갔다.

1848년 크로아티아 의회는 당시의 유명한 크로아티아 장군 옐라치치를 나라의 총독 자리에 세웠다. 오스트리아의 편을 들어 헝가리 혁명을 잠재움으로써 헝가리가 차지하던 제국 내의 제2국가 지위를 확보해 점진적인 독립을 꾀한다는 굉장히 정치적인 판단이었다. 총독 자리에 오른 옐라치치는 오스트리아 제국의 군대를 이끌고 헝가리를 공격했다. 대단한 승리도 대단한 패배도 하지 않았으나 혁명의 불길은 쉽게 잠잠해지지 않았고, 결국 1849년 러시아의 참전으로 일단락되었다.

아쉽게도 옐라치치의 헝가리 침략이 크로아티아 의회의 예상과 맞물리지는 않았다. 크로아티아는 여전히 오스트리아 제국 아래에서 지지부진했으며, 20년 후(1868년)에 헝가리의 지위는 다시 상승해 오스트리아–헝가리 제국이 수립된 이후에는 오히려 헝가리로부터 더욱 큰 압박을 받게 된다. 흔히 알려진 대로 옐라치치가 '독립영웅'은 아니지만 크로아티아 국민들에게는 분명 정신적 지주였을 것이다. 1868년 헝가리의 간섭이 심해지던 시기에는 '10년 전 헝가리를 향해 말을 타고 칼을 겨누던 장군이 있었는데' 하며 더욱 애절한 회상을 했으리라.

자그레브 워킹투어

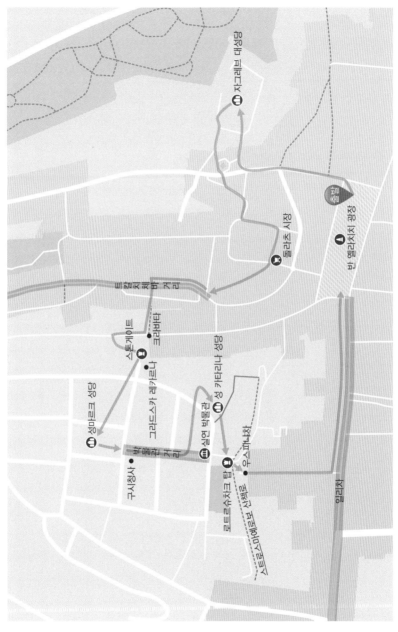

자그레브 대성당

돌라츠 시장

반 엘라치치 광장

트칼치치바 거리

스톤게이트

크라바타

그라도스카 레카르브나

성 마르크 성당

성 카타리나 성당

구시청사

박물관거리

실연 박물관

로트르슈차크 탑

우스피냐차

스톤조스미예로브 산책로

일리차

자그레브 구도심 워킹투어는 2시간을 걷는 코스로 구도심을 이루는 두 개의 언덕 캅톨Kaptol과 그라데츠Gradec를 차례로 거닌다. 자그레브 대성당을 중심으로 형성된 캅톨을 지나 돌라츠로 향하고 이후 그라데츠 쪽으로 이동한다. 그런 다음 성 마르크 성당 앞을 지나 그라데츠의 경계인 로트르슈차크 탑을 돌아 다시 광장으로 돌아온다.

자그레브 대성당 / Zagrebačka katedrala

자그레브 대성당은 크로아티아에서 가장 높은 건물로, '성모 마리아 승천 성당'이라는 이름을 가지고 있다. 크로아티아에서 가장 높은 화폐 단위인 1000쿠나 뒷면에 새겨져 있을 정도로 크로아티아 사람들에게 사랑받는 건물이기도 하다.

과거 가톨릭에서 성당이란 왕권에 대적할 수 있는 사람들이 모여 있는 곳이었다. 가톨릭 신자들은 그들의 명예를 더욱 드높이기 위해서 권력의 주축이었던 교황, 추기경, 신부 등 중요한 직책을 맡고 있는 사람들을 신성시하는 경향이 있었다. 그렇게 해서 등장하게 된 것이 바로 밀랍인형이다. 그 사람이 죽고 나서 그 사람의 신체 일부나 전부를 본떠 밀랍인형을 만들었던 것이다. 신자들은 그렇게 함으로써 그들의 기운이 언제까지나 성당을 지켜 줄 것이라 믿었다. 자그레브 대성당 지하에도 역대 신부들의 시신이나 유품이 안치되어 있고 성당 내부에는 제2차 세계대전 당시 독일의 인권 탄압에 대항했던 스테피나츠 추기경의 밀랍인형이 전시되어 있다.

스테피나츠 추기경은 크로아티아 교회에서 가장 뛰어난 인물로 기억되는 사람이다. 제1차 세계대전 때는 이탈리아 소속으로 싸우다가 부상을 당하기도 했고, 제2차 세계대전 이후 공산주의 정권이 들어서면서 바티칸 교회와의

자그레브 대성당_해마다 보수 공수가 이뤄져 뽀얀 외벽이 사뭇 신기하다(상).
1000쿠나 시폐_조대 국왕인 토미슬라브와 나란히 새겨진 자그레브 대성당(하).

스테피나츠 추기경의 밀랍인형_자그레브 대성당의 주보성인이다.

분리를 반대하는 주장을 하다가 티토에 의해 강제로 감옥살이를 하게 되었다. 결국 감옥에서 죽음을 맞이했지만 그의 죽음은 크로아티아의 여러 사람에 의해 영예롭게 기억되었다. 주교급 이상의 신도부터는 죽고 난 이후 자신의 고유 문양과 라틴어로 된 문구가 새겨진 문장을 가질 수 있는데 스테피나츠 추기경은 이곳에 "I PUT MY TRUST IN YOU, LORD"라는 문구를 적었다.

1094년 라디슬라우스라는 헝가리 왕에 의해 교구가 자그레브 남동쪽에 있는 시사크sisak라는 마을에서 자그레브로 옮겨 오면서, 원래 이곳에 위치하고 있던 성당이 대성당으로 지정되었다. 그 이후 여러 번 증축이 이루어졌다가 13세기에 몽골인들의 침입으로 붕괴되었고, 15세기 말 오스만 제국에게 또 한 번 피해를 보았다. 이후 '안 되겠다'고 느낀 크로아티아 사람들은 '우리의 성당은 우리 손으로 지키자!'라는 생각에 성당 주변에 보호 성벽을 세우게 되었다. 그렇게 해서 지금 볼 수 있는 것이 성당을 둘러싸고 있는 성벽이다.

성당을 관람할 때 놓치지 말아야 할 것이 있다면 바로 건축 양식이다. 건축

자그레브 대성당의 내부

양식이야말로 당시의 시대상과 건축가의 의도를 가장 잘 담고 있기 때문이다.

17세기 말에는 예수회 사람들에 의해 바로크 양식이 전파되면서 바로크 양식의 종탑이 성당 남쪽 부분에 설치되어 외부 세력을 감시하는 용도로도 쓰였다. 1880년 자그레브에 큰 지진이 일어나 회복이 불가할 정도로 성당이 붕괴되었고, 이후 헤르만 볼Hermann Bolle에 의해 재건축되어 네오고딕 양식을 갖추게 되었다(이때 성모 마리아의 금빛 입상도 세워졌다). 네오고딕 양식은, 18세기 중·후반 이후 영국에서 일어난 급진적인 산업혁명에 대항하여 나온 보수적인 양식인 동시에 중세의 고딕 양식도 일부 취해 첨탑을 높게 세워 천국에 대한 열망을 담아내려 했다. 자그레브 대성당의 볼거리는 바로 이 높이 솟아 오른 두 개의 첨탑과 성당의 스테인드글라스이다. 높이 솟아오른 두 개의 첨탑은 신의 손가락을 나타낸다. 성당 내부에 들어간 스테인드글라스는 빛의 아름다움을 통해 천국을 니디네며 변하지 않는 성실이라는 빛의 특성을 통해

자그레브 대성당 내벽에
새겨진 글라골 문자

가톨릭에서 말하는 숫자의 신비로움

가톨릭에서 1이라는 숫자는 다른 것을 배격하고 최고임을 의미한다. 이교도를 배척하고 유일신을 숭배하는 가톨릭은 이제 성당의 두 개의 첨탑, 2에 의미를 부여한다. 두 개의 첨탑은 신의 손가락을 나타낸다. 2라는 숫자는 불완전한 숫자이므로, 하느님의 증인은 적어도 두 사람이 되어야 한다는 의미를 가지고 있다. 즉, 하늘로 올라가신 예수님이 신의 손가락을 지침 삼아 또 한 번 이 세상에 내려오신다는 의미를 가지고 있다. 그리고 숫자 3은 완전한 숫자, 즉 삼위일체를 나타낸다. 완전한 숫자이기에 건축물에 가장 많이 활용되는 숫자인 3은 자그레브 대성당이 세 개의 영역으로 나뉘는 데에 일조하게 된다.

맹씨 가족의 **크로아티아** 365일

하느님의 존재를 증명한다고 볼 수 있다. 이렇게 여러 시대의 양식이 섞여 있기 때문에 어떻게 보면 혼잡스러울 수도 있지만 안에 들어갔을 때 느끼는 황홀함은 다른 나라의 어떤 성당보다 덜하지는 않다.

크로아티아의 전통 문자인 글라골 문자Glagolitic alphabet는 원래는 9세기 비잔틴 제국이 강성할 시절 성 시릴과 성 메토디우스가 불가리아인들과 모라비아인들에게 가톨릭을 전파하기 위해 만든 것으로, 후에 크로아티아인들에 의해 전파되고 보존되었다. 92쪽 사진의 비문에는 크로아티아인들의 기독교 개종 1300년을 기념하는 내용이 적혀 있고, 제작 연도는 맨 밑 네 글자에 적혀 있다. 네 글자는 각 1, 9, 4, 1을 나타낸다.

트칼치체바 거리 / Ulica Ivana Tkalčića

트칼치체바 거리는 카페와 레스토랑이 모여 있는 자그레브에서 가장 핫한 거리라고 할 수 있다. 캅톨과 그라데츠를 나누는 경계선이었던 메드베슈차크 medveščak라는 개천이 흐르던 도로로, 포토크Ul. Potok 거리라고 했다. 이 개천을 따라서 물레방아가 모여 있었고, 이것을 배경으로 18세기에는 옷, 비누, 종이, 술 등을 만드는 작업장이 들어섰다. 19세기에 이 개천이 복개되고 그 위로 포장도로가 나면서 당시 유명한 역사가 "Ivan Tkalčić"의 이름을 따 트칼치체바라는 이름을 가지게 되었다. 1900년대 초기에는 주로 사창가가 번성하였으나 공산주의 시대를 거치며 사장되었고, 현재는 음주가무 및 카페 문화의 중심지로 활기를 띠고 있다.

크르바비 모스트(피의 다리) / Krvavi Most

크르바비 모스트는 트칼치체바와 라니체바 거리를 잇는 실이다. 자그레브

트칼치체바 거리_크로아티아 사람들의 노천카페 사랑을 극단적으로 보여 주는 곳으로 겨울에도 내부 테이블보다 야외 테이블이 먼저 채워진다.

는 옛날엔 캅톨과 그라데츠라는 두 개의 도시로 나뉘어 있었는데, 두 도시의 사람들은 사이가 매우 나빴다. 트칼치체바 거리를 따라 위치하고 있던 물레방아가 그 당시에는 큰돈이 되었기 때문에 이 소유권을 두고 자주 분쟁이 일어났던 것이다. 사이가 안 좋은 사람들은 항상 지나다니다 이 다리에서 싸우곤 했는데 이 때문에 다리 밑을 흐르는 강물이 하루도 피로 물들지 않은 날이 없었다고 하여 '피의 다리'라는 이름을 가지게 되었다. 이 다리는 1851년 옐라치치에 의해 캅톨과 그라데츠가 통합된 이후에도 남아 있다가 1899년에 철거되었다.

마리야 유리치 자고르카 동상 / Spomenik Marija Jurić Zagorka

부유한 가정에서 태어난 작가 마리야 유리치 자고르카(1873~1957)는 크로아티아 최초의 여성 전문기자이자 평등권을 위해 힘썼던 운동가로, 당대의 여성상보다 상당히 앞서 있던 여성이었다. 그녀는 자고리에 출신의 여성이라는 뜻을 가진 '자고르카'라는 필명으로 사랑 이야기와 웅장한 역사적 주제를 엮어 소설 속에서 다양한 인간관계를 그려 냈다. 가장 잘 알려진 그녀의 작품인 『그리치의 마녀The Witch of Grič』는 18세기를 배경으로 마녀사냥에 반대하는 내용의 대하소설이다.

크라바타(넥타이 가게) / KRAVATA

같은 거리에 두 개의 가게가 있지만 같은 주인이 하는 것이라서 한 가게가 열면 다른 가게는 닫는 식으로 운영되는 크라바타 넥타이 가게 입구에는 특대 사이즈의 넥타이가 걸려 있다. 그 넥타이의 체크무늬……. 어디서 많이 본 듯한 이 체크무늬는 크로아티아의 초대 왕 토미슬라브Tomislav가 세운 왕가의 문양으로 크로아티아의 국기, 축구선수 유니폼, 식탁보 등 다양한 곳에 쓰인다.

크로아티아는 서기 600년경 슬라브인들이 이주해 살면서부터 900년대까지 비잔틴 제국(동로마 제국)의 지배를 받았다. 900년대 들어서 비잔틴 제국의 가장 거대한 피지배 국가였던 불가리아 제국에서 반란이 크게 번지게 되고, 이 틈을 타 크로아티아의 장군 토미슬라브는 서유럽의 도움을 받아 독립을 이뤄 내 크로아티아 왕국을 세웠다. 이때부터 국교를 정교회Orthodox 대신 가톨릭Roman Catholic으로 삼았다.

왕국을 세우며 국가의 기틀을 전부 새로 재정비해야 했던 토미슬라브 왕은 국기의 문상을 무엇으로 정해야 할지 고민했는데, 마침 열렬한 체스 선수였던

크라바타 넥타이 가게_입구에 특대 사이즈의 넥타이가 걸려 있다.

그는 왕국의 문양을 체스 무늬로 정하기로 했다. 적보다 한 수 앞을 내다볼 수 있을 때에만 게임에서 이기는 체스처럼, 나라를 운영하는 일도 항상 더 멀리 내다봐야만 성공할 수 있다는 뜻이 아니었을까.

1600년대 초반 유럽을 휩쓸던 가장 큰 전쟁은 유럽 최후의 종교전쟁이라 일 컬어지는 30년 전쟁(1618~1648)이다. 독일을 무대로 구교(가톨릭)와 신교 (개신교, 프로테스탄트) 세력 간에 벌어진 전쟁으로 1차 전쟁, 2차 전쟁 등으 로 이어지며 다양한 국가가 참전해 다투었다. 하지만 전쟁 발발의 핵심은 로 마가톨릭을 유지하려는 독일과 종교개혁을 앞장서서 받아들이고 개신교를 주창하던 프랑스와의 다툼이었다.

전쟁의 후반 크로아티아에서는 비공식적으로 1000여 명의 용병이 프랑스군에 합류하기 위해 파병되었다. 크로아티아에서 프랑스까지 걸어간다고 상상해 보라. 가다가 반은 죽는다. 아들이나 남편이 그 먼 길을 가서 싸우는 것이 안타까웠던 부녀자들은 자신의 치마를 찢어 군인들의 목에 스카프 형태로 걸어 주었고 다행히 대부분의 용병은 살아서 프랑스에 당도했다. 당시 프랑스 왕이었던 루이 14세는 너도나도 붉은 스카프를 매고 있던 크로아티아 용병들을 보며 신하들에게 물었다. "저들이 목에 맨 것이 무엇이냐?" 신하들이 대답했다. "예, 크라바타Kravata(크로아티아 군인)입니다." 목에 맨 천이 무엇이냐고 물었는데 크로아티아 군인이라고 대답한 것이다.

전쟁 이후 프랑스에서는 현대적인 형태의 넥타이가 개발되어 역수출되었다. 넥타이가 프랑스어로는 Cravate, 스페인어로는 Corbata라는 것을 아는가? 크로아티아 사람들이 넥타이의 원조가 자신들이라고 하는 것은 전 세계적으로 인정을 받는 분위기고, 각국의 언어에 지금도 나타난다.

성 조지 동상 / Spomenik sv. George

성 조지 동상은 오스트리아의 조각가 콤파처Kompatscher와 빈더Winder의 작품으로 1994년까지는 지금의 장소(스톤게이트 앞)가 아닌 다른 곳에 설치되어 있다가 20세기 초 마주라니치가(Mažuranić家)의 선물로 자그레브에 오게 되었다. 이 동상은 성 조지가 자신이 물리친 용을 위해 기도를 올리고 있는 모습을 표현하고 있다.

성 조지 동상_발밑의 이무기를 닮은 형체가 전설 속의 용이다.

성 조지

로마 제국이 세계를 통치하던 4세기 초, 아프리카 북안 리비아의 작은 나라 시레나에 용이 나타나 제물을 바치지 않으면 사람들에게 독을 내뿜는 등 사람들을 괴롭힌다는 소문이 들려왔다. 제물로는 보통 양을 바쳤는데 양의 씨가 말라 버리자 그때부터는 어린아이와 여자를 제물로 바치기 시작했다. 제물로 바쳐지는 어린아이와 여자는 무작위로 정해졌는데 한번은 왕의 딸이 제물로 선택되었다. 시레나의 왕은 공주를 살려 주면 왕국의 절반과 자신의 금은보화를 전부 넘겨주겠다고 회유해 보지만 사람들은 반대했다.

어쩔 수 없이 제물로 바쳐지는 날이 다가왔고 공주는 용이 나오는 강가에 혼자 남게 되었다. 용이 나타나 공주를 겁탈하려는 순간 젊은 기사 조지가 말을 타고 나타나 그의 성검으로 용에게 치명적인 상처를 입히고 공주의 목걸이를 용의 목에 둘렀다. 그러자 갑자기 용이 온순해졌으며 가죽끈에 묶인 가축처럼 잘 따랐다. 조지가 용을 이끌고 돌아오자 사람들은 모두 까무러치게 놀랐다. 조지는 "너희가 모두 기독교로 개종한다면 용을 죽일 수 있게 해 주겠다."라고 했고 모든 사람들과 왕까지 개종하겠다고 동의하였다. 그렇게 하여 많은 사람들을 기독교로 개종시키고 골칫덩어리였던 용을 죽인 공로로 조지는 성인의 반열에 오르게 되었고, 현재까지 마을의 수호신으로 사람들의 가슴속에 남게 되었다.

스톤 게이트/Kamenita Vrata

13세기 지어진 문으로 그라데츠 지역으로 들어가는 네 개의 문 중 유일하게 현재까지 남아 있다. 지금의 모습은 18세기에 재건축한 것이다. 이 안에서는 성모 마리아가 아기를 안고 있는 어느 무명작가의 그림을 볼 수 있다. 1731년 자그레브 대화재로 모든 것이 불에 탔을 때 이 그림만은 불에 타지 않고 온전히 남아 있었다. 그 이후 이곳은 신자들의 성지순례 장소가 되어 많은 사람들이 와서 성모 마리아를 위해 기도를 드리고 간다. 아침에는 철창의 문을 열어 두어 사람들이 꽃을 놓고 갈 수 있게 하였다. 스톤 게이트 주변의 석판에는 공통적으로 "Hvala"라는 말이 쓰여 있는데, 이는 크로아티아어로 '감사합니다' 라는 뜻이다.

스톤 게이트에서 나올 때는 입구에 박아 놓은 두 개의 막대 양쪽 가장자리로 나오는 게 좋은데, 거기에는 특별한 이유가 있다. 그것은 중세 시대 마녀와

성모 마리아 그림_ 내화새 속에서도 그을음 하나 없었다는 말은 과연 진짜일까.

관련한 이야기 때문이다. 마녀와 연애를 하던 한 남자가 마녀 몰래 바람을 피우기 시작했다고 한다. 몰래 남자를 감시하고 있던 마녀는 스톤 게이트 바로 아래에서 바람난 두 남녀가 다정하게 걸어 나오는 것을 보게 되고, 순간적으로 화가 나 그 자리에서 큰 바위를 떨어뜨려서 두 남녀를 끔찍하게 죽여 버렸다고 한다. 그 이후부터 자그레브의 남녀, 특히 찔리는 것이 있는 커플들은 바위가 떨어질 것을 무서워해 양 가장자리로 조심스럽게 걸어 다녔다고 한다.

그라드스카 레카르나(철퇴 약국) / Gradska Ljekarna

스톤 게이트에서 나와 걸어 내려오다 보면 오래된 약국이 있다. 이 약국 지붕 위를 주목할 필요가 있는데 거기 철퇴 하나가 보일 것이나. 스톤 게이드 위에도 같은 것이 있는 것을 볼 수 있다. 이 철퇴는 빗자루를 타고 날아다니는 마녀들이 밤에 부딪혀 죽으라고 설치한 것으로, 한때는 그라데츠의 거의 모든 건물에 이런 모양의 철퇴가 달려 있었다고 한다.

크로아티아는 독일과 더불어 마녀사냥이 횡행했던 대표적인 나라다. 사회적 혼란이 일반 대중들을 얼마나 어리석은 방향으로 이끌 수 있는지를 보여주는 단적인 예라고 할 수 있다. 16~17세기 종교개혁으로 유럽 전체가 들썩이던 시절에, 가톨릭교회는 떨어진 교회의 권위를 다시 살리기 위해 가톨릭에 반하는, 악마의 영혼을 가진 자를 처단하라고 명령했다.

마녀사냥의 주 타깃은 돈 많은 과부였다. 사회적으로 아무런 힘도 없었기 때문에 돈을 뜯어낼 아주 좋은 표적이 되었고, 그렇기에 어쩔 수 없이 마녀로 몰렸다고 한다. 마녀로 몰리면 처음에는 당연히 부인을 하지만 이어지는 끔찍한 고문에 나중에는 절망감과 좌절감에 휩싸여 반자의적으로 자신이 마녀라고 시인할 수밖에 없었다. 즉, 일단 마녀로 몰리면 그 사람의 최후는 이미 정

마녀 방지용 철퇴_스톤 게이트 지붕 위로 어렴풋이 보인다.

해져 있었던 것이다.

마녀사냥의 또 다른 타깃은 바로 약초나 의학에 관한 지식이 있는 약사들이었다. 그 당시 약사는 신부나 의사에 비해 상대적으로 사회적인 지위가 낮았고, 의사들은 이런 시대적인 상황을 이용했다. 의사들은 자신의 수익을 더 높이기 위하여 약사들이 마녀의 주술을 부린다는 소문을 퍼뜨려서 약사들을 처단해 버리기도 했다. 그중 하나의 사건이 여기 자그레브에서 가장 오래된 약국에서 일어났다. 이 약국에서 일하던 약사가 사람이 마녀로 변하거나 마녀가 사람으로 변하는 약물을 비밀스레 팔고 있다는 누명을 쓰고 처형되었고, 그 이후 이렇게 약국 위에 철퇴가 세워졌다.

성 마르크 성당 / Crkva sv. Marka
성 마르그 광장의 이름은 13세기에 마르크 성인을 위해 지어진 정면 성당의 이름을 딴 것이다. 〈꽃보다 누나〉라는 TV 프로그램을 통해 한국인들에게 한 번 더 유명해지면서 레고 성당으로 불리기도 한다. 성당을 마주 보고 오른쪽이 국회의사당, 왼쪽 노란색과 분홍색 건물이 총리 관저다. 옐라치치도 이 총리 관저에서 집무를 봤다고 한다.

1242년 헝가리의 벨라 4세가 그라데츠를 자치령으로 선포한 후 필요에 의해 이 성당이 지어졌다고 알려져 있지만, 지진 및 화재를 수시로 겪으며 무너지고 재건축되기를 반복해 정확히 어떤 부분이 어떤 시대의 것이라고 말하기가 어렵다. 다만, 정문 왼편에 보이는 지금은 막힌 조그마한 창문은 로마네스크 양식의 것으로 13세기에 이 성당이 처음 지어졌다는 명백한 증거이다.

성 마르크 성당의 잊을 수 없는 자태를 완성하는 것은 지붕으로, 이렇게 만들어진 것은 1880년도에 와서다. 성당이 지어지던 초기가 아니라 마지막 재건축 때 타일이 얹어진 것이다. 자그레브는 지진과 화재로부터 그리 자유로운 곳이 아니었고 중세에는 외세의 침략까지 겪었다. 몇 차례의 지진과 화재, 몽골과 터키의 침략까지 받으며 성 마르크 성당은 몇 번을 무너졌다 지어지기를 반복했고, 심지어는 차라리 성당을 다 허물고 새로 짓자는 제안도 있었다고 한다. 다행히 1860년대를 기점으로 이런 철거 시도가 무마되었고 1875년 헤르만 볼이라는 오스트리아 건축가에 의해 보수되었다. 이때 쌓아 올려진 것이 형형색색의 세라믹 타일이다.

크로아티아 국회는 대통령 직선의 의원 내각제, 단원제 체제로 151석이며 현재는 보수 성향의 HDZ가 제1당이다. 국민이 정치에 대해 기대하는 것이 아주 낮은데 이는 당 전체를 휩쓸었던 몇 차례의 스캔들 이후에도 여전히 HDZ가 1당 자리를 유지하는 아이러니 때문이다. 공산주의 시기를 겪었던 세대가 아직도 다수 투표층이기에 그렇다는 것이 크로아티아 친구의 설명이었다.

성 마르크 성당_자그레브 관광을 떠올리면 가장 먼저 생각나는 장소이다.

성 마르크 성당의 지붕 문양

　지붕에는 크게 두 문양이 좌우에 하나씩 자리하는데, 오른쪽은 1800년대 당시의 자그레브 문양이다. 현재의 자그레브 문양도 이와 같고 배경만 푸른색이다. 왼쪽은 크로아티아─달마티아─슬라보니아 연합 왕국의 문양이다. 지붕이

올려진 1880년 당시 크로아티아-슬라보니아 연합과 달마티아 왕국은 오스트리아-헝가리 지배하의 지역이었으며, 3국이 연합해 현재의 크로아티아 국토를 구성하고 있었다.

왼쪽 큰 문양에서 위의 왼쪽은 크로아티아 왕국의 체크무늬이고, 그 오른쪽 사자 머리 세 개가 박힌 문양은 달마티아 왕국의 문양이다. 사자는 달마티아의 상징이기도 하다. 그 밑에 검은 담비 한 마리가 박힌 문양은 슬라보니아 왕국의 문양이다. 슬라보니아는 크로아티아 북동부의 산악 지대를 아우르는데, 교역이 활발해 화폐 문화가 발달한 해안가와는 다르게 물물교환이 성행했고 그나마 화폐 대신 쓰던 것이 담비의 가죽이었다고 한다. 이 담비가 크로아티아 말로 쿠나Kuna인데, 화폐의 단위(kn)이다. 현대의 크로아티아인들이 돈을 주고받는 것도 거슬러 올라가면 슬라보니아 왕국의 담비 가죽 교환 문화에서 비롯된 것이다.

박물관 거리

박물관 거리는 '인생의 길'이라고 불리는 짧은 길이다. 결혼 및 출생 신고를 하는 구시청사를 지나쳐 걷다 보면 세계의 모든 결별 관련 물품을 모아 놓은

박물관 거리_오른쪽 첫 건물이 구시청사이다.

실연 박물관을 볼 수 있기에, '이 길을 걷는 것만으로 짧은 인생을 산 것이다'라고 농담 삼아 얘기한다.

성 마르크 광장을 지나 로트르슈차크 탑으로 가는 길 초입의 오른편에 자그레브 도시 깃발이 꽂힌 건물이 있다. 이 건물은 구시청사로 현재는 가정법원 및 결혼식장, 회의장으로 쓰인다. 특히 주말이면 결혼하는 신혼부부의 모습을 쉬이 볼 수 있으며, 이혼 및 출생 신고도 이곳에서 한다. 그 옆으로는 크로아티아 나이브 아트 뮤지엄이 있는데, 이곳에는 미술교육을 받지 않은 시골의 화가들이 직관에 의지해 그린 작품들을 모아 두었다. 생각보다 작품들의 질이 우수하며 어디에서도 보기 힘든 형태를 가진 것이 더러 있으므로 방문해 보는 것도 좋다.

실연 박물관은 전 세계 결별에 관련된 모든 종류의 물품을 모아 놓은 박물관이다. 아크릴 박스 안에 담겨 있는 괴상하게 생긴 온도계 옆에는 긴 설명문이 나란히 놓여 있는데 대략 이런 사연이다. 화학과 박사과정 학생과 연애하던 한 여성은 자신의 생일날 남자친구에게 선물을 받았다. 내심 기대하며 포장을 푼 여성은 망연자실했다. 남자친구가 실험실에서 쓰던 분자 온도계를 선물로 주었기 때문이다. 여성은 말했다. "우리 헤어져."

남녀 간의 이별뿐만 아니라 사별이나 친구 간의 이별 등도 다루고 있기에 우리 삶의 여러 관계에 대해 한번 돌아볼 수 있는 기회를 제공하기도 하는 곳이다. 입장료는 35쿠나이며 내부에 카페도 있다.

성 카타리나 성당 / Crkva sv. Katarine

성 카타리나 성당은 17세기 예수회 사람들이 선교를 위해 크로아티아에 정착할 시기에 지은 것이다. 크로아티아에 지어진 첫 바로크 양식의 건물로, 조금 허름해 보이는 외관과는 다르게 금빛과 화려한 색상들로 장식된 내부를 볼 수 있다. 예수회 사람들은 자그레브에 와서 크로아티아의 첫 중등 교육 기관도 지어 주고 바로크 건축 양식도 전파했다.

스트로스마예로보 산책로 / Strossmayerovo šetalište

스트로스마예로보 산책로는 19세기에 시민들의 기부금으로 만들어졌다. 자그레브의 젊은 남녀가 가장 좋아하는 이 산책로에 가로등이 켜지는 밤이면 낭만적인 거리와 함께 자그레브의 전경을 한눈에 볼 수 있다. 산책로 중간에 펩시맨처럼 생긴 남자가 앉아 있는 벤치가 있는데, 이 남자는 구스타브 마토시Antun Gustav Matoš라는 19세기의 크로아티아 시인이자 자그레브의 열성적인

구스타브 마토시 동상

팬이다. 그는 산책하다 자그레브를 예찬하는 시를 썼고, 그의 시를 좋아한 시민들이 20세기 후반 이 산책로에 그의 동상을 세워 놓았다.

로트르슈차크 탑/Kula Lotrščak

로트르슈차크 탑은 13세기 방어시설 중 유일하게 남아 있는 것으로 17세기에는 해 질 무렵 도시의 주민들에게 종소리로 성문이 닫히기 전에 성안으로 들어올 것 알려주는 곳이었다. 오늘날에는 종소리보다 매일 정오에 발포하는 것으로 유명한데, 1877년 새해부터 시작된 발포식의 유례로는 여러 설이 있다. 헝가리의 왕 벨라 4세가 몽골족에게 쫓기고 있을 때 그를 구해 준 자그레브 사람들에게 감사힘을 표시하기 위해 신물한 것으로, 녹이 생기지 않게 매

로트르슈차크 탑(우)과 자그레브 우스피냐차(좌)

일 발포했다는 게 한 예다. 그 외에 터키와의 전쟁에서 얻은 전리품이라는 설도 있는데, 어느 쪽이 사실이든 자그레브 사람들은 이 대포 소리에 맞춰 시계의 시간을 맞춘다.

자그레브 우스피냐차/Zagrebačka uspinjača

세계에서 가장 짧은 케이블카로 기네스북에 등재된 자그레브 우스피냐차는 스트로스마예로보 산책로와 일리차 거리를 연결한다. 1890년 10월 8일 증기 기관으로 운영하기 시작하다가 1934년부터 전기 운영 체제로 바뀌었다. ZET 트램 티켓으로도 탑승이 가능하며 별도로 티켓 구매가 가능하다. 한 번 타면 1분 정도(66m) 소요된다.

일리차/Ilica

일리차는 자그레브를 동서로 가로지르는 4km의 거리다. 반 옐라치치 광장에서 서쪽으로 이어지는 거리는 특히 쇼핑 장소로 유명하며, 유명 브랜드 및 SPA 브랜드 다수가 입점해 있다. 그러나 대부분의 매장이 크기가 작아 갖추고 있는 품목이 다양하지 못할뿐더러 의류 및 잡화 등의 공산품은 다 수입하는 것이기 때문에 가격도 다른 서유럽 국가들과 별반 차이가 없다. 초입의 디저트 가게 빈체크Vincek가 아이스크림으로 유명하다.

일리차 거리_유고 시절 양식이 그대로 남아 있은 건물들이 제법 고즈넉하다.

일리차 거리의 저녁 풍경

일리차 거리 초입의 유명 디저트 가게 빈체크_과일 종류 아이스크림의 맛이 좋다.

맹씨 가족의 **크로아티아** 365일

자그레브 맛집

식사

- Batak Grill(위치: Trg Petra Prer- adovića 6): 그릴에 구운 돼지갈 비와 닭날개가 특히 맛있다. 크 로아티아의 고기요리를 두루 맛 보고 싶을 경우에는 두 명이서 모 둠 고기요리Gourmet Plate 를 시키

Batak Grill의 모둠 플래터

는 것을 추천한다. 여기에 영세 맥주 양조장에서 만들어 풍미가 좋은 San Servolo 맥주를 곁들여 먹으면 안성맞춤이다.

- Noktruno(위치: Skalinska ul. 4): 트칼치체바 거리 초입에 있는 레스토랑 으로 자그레브의 '김밥천국'이라고 생각하면 된다. 파스타, 그릴, 아시안 볶음요리, 해산물 등 모든 서양요리를 망라하며 생각보다 맛도 좋다. 가격 대비 만족도를 최우선으로 꼽는 여행자라면 무조건 이 집에 가라고 추천 한다.

- Boban(위치: Gajeva ul. 9): 이탈리아 북부 및 크로아티아 내륙의 요리를 전문으로 하는 레스토랑이다. 메뉴에는 없지만 카르보나라를 주문하면 만 들어서 내오며 정통의 맛을 느낄 수 있다(50~60쿠나 정도). 고기요리도 맛이 좋아 조금 세련된 곳에서 식사를 하고 싶을 경우에 추천한다.

- Pingvin(위치: Ul. Nikole Tesle 7): 저렴한 샌드위치 집. 20쿠나 내외로 샌 드위치를 구워 팔지만 상당히 맛이 좋다. 간단히 요기하기로는 이 집보다 괜찮은 곳이 드물다.

- Plac(위치: Ul. Pod zidom 1A): 체밥치치 및 특제 버거, 구운 닭다리 스테이크를 먹을 수 있는 곳이다. 특히 샐러드가 맛있으며 어떤 메뉴를 시켜도 샐러드가 같이 나오므로 경제적으로 이용할 수 있다. 40~50쿠나.

- Ribice(위치: Preradovićeva ul. 7): 자그레브에서 몇 안 되는 생선을 먹을 수 있는 식당이다. 가격은 50~80쿠나 정도이며 매일 신선한 생선 종류가 다르니 물어보고 주문하는 것이 좋다.

- Submarine Burger(위치: Frankopanska ul. 11): 수제 버거 집으로 Pulled Pork Burger를 추천한다. 특제 바비큐 소스에 장시간 조린 돼지고기를 찢듯이 쌓아 만드는데 맛이 특히 좋다. 40~60쿠나.

- Rocket burger(위치: Ul. Ivana Tkalčića 50): 햄버거에서부터 케첩까지 모두 수제로 만드는 버거 집이다. 패티는 물론이고 빵도 굉장히 촉촉하고 맛있어서 한 번 가고나서 또 가게 된 곳이다. 메뉴가 매번 변하므로 기본적인 클래식 버거(32쿠나), 감자튀김(10쿠나), 일반 음료 한 가지(평균 12쿠나) 정도를 주문하는 것을 추천한다.

Rocket burger의 훈제 버거

- Asia 2(위치: Ul. Augusta Šenoe 1): 따끈한 국물이 생각날 때 가면 좋다. Noodle soup with three kinds of meat라고 맑은 고기 짬뽕 느낌의 국물 있는 면 요리를 추천한다. 메뉴판에 없는 경우가 있으니 가격을 물어보고 주문하는 것이 좋다.

카페 및 디저트

- Torte I To(위치: Teslina ul.7 /Nova ves 11): 자그레브에서 케이크가 제일 맛있는 집이라고 생각한다. 커피도 Illy 원두를 써 평균보다 맛이 좋다. 초콜릿 케이크 종류가 맛이 더 좋다.

- Johan Franck(위치: Ban Jelačić Square 9): 광장 옆에 위치한 3층 규모의 대형 카페로 현대 유럽의 분위기가 가장 많이 느껴진다. 특히 소파 자리가 많고 눈치를 주지 않아 오래 작업을 하거나 독서하기에 좋으며, 메뉴에는 없으나 아메리카노를 시키면 에스프레소 가격(10쿠나)에 가져다준다.

- Velvet(위치: Dežmanova ulica 9): 자그레브에서 몇 안 되는 금연 카페다. 인테리어가 상당히 독특하며 와인도 마실 수 있다.

- The Cookie Factory(위치: Ul. Ivana Tkalčića 21): 아이스크림 하나와 쿠키 하나를 주문하면 따뜻한 쿠키 위에 아이스크림을 얹어 주는데, 자그레브 여성들이 가장 좋아하는 디저트다. 일반적인 가격은 1인 평균 18쿠나다.

- Vis A Vas by Vincek(위치: Tomićeva ul. 2): 자그레브에서 유명한 유기농 디저트 아이스크림 집으로 레몬, 녹차와 타임, 바나나, 라즈베리 등이 대표적인 메뉴다. 가격은 10쿠나로 저렴하면서도 맛이 깔끔하다.

군것질(Pan-Pek, Dubravica, Mlinar /Fries factory)

크로아티아 사람들은 길거리에서 군것질하는 것을 굉장히 좋아한다. 대표적으로 Pan pek, Dubravica, Mlinar 세 개의 프랜차이즈 빵집에서 파는 부렉 Burek이라는 빵이 유명하다. 빵 사이에 잘게 다진 쇠고기를 넣고 구운 것인데, 갓 구운 부렉은 특히 맛이 좋아서 사람들에게 인기가 있다. 이 빵의 정확한 이름은 부렉과 고기Burek s mesom이나.

광장에서 일리차 도로 쪽으로 가다 보면 Fries factory라는 각종 튀김을 파는 곳도 있다. 자그레브 사람들은 이곳에서 치킨 너겟이나 감자튀김 같은 것을 사서 길거리를 산책하며 먹는다.

4. 크로아티아 여행

스플리트-두브로브니크 여행 (2016. 3. 24~29)

3월 24일 목요일 여행 첫날(자그레브-스플리트)

어머니의 일기

아침 6시부터 일어나 삼겹살을 구워 먹은 주성, 커피와 빵이 아침 식사
였던 나와 남편 그리고 늦게 일어나서 아침을 패스한 주형(우리 식구의
식성은 다양하다). 이렇게 네 식구는 드디어 스플리트로 출발했다. 리
스한 차이기에 혹여 사고라도 날까 소극적으로 운전하는 남편이 운전
대를 잡았다. 자그레브에선 아무 문제가 없던 차가 고산 지대를 지나는
데 너무 흔들려서 혹시 바퀴에 이상이 있나 온통 긴장을 했다. 스플리
트에 도착하자마자 정비를 해야겠다고 생각했는데 바람이 가라앉자 차
가 안정을 되찾아 다행이었다. 숙소가 구도심에 있었는데 골목이 너무
좁아 남편이 주차하는 데 애를 먹었다.

우리가 여행했던 크로아티아 지역들

오전 8시 반 정도에 출발했는데 스플리트Split에 도착하니 오후 1시 정도 됐다. 거의 5시간이 걸린 것이다. 산맥을 넘어오면서 고산 평원 지대에 바람이 엄청나게 거셌다. 차가 흔들려서 자동차 바퀴가 잘못된 것이 아닌가 걱정하기도 했다. 고속도로에 차가 많지 않았지만 운전하기는 쉽지 않았다.

스플리트 숙소에 도착해 보니 구불구불한 골목이 있는 옛날 우리나라 달동네 같았다. 차들이 골목마다 꽉 차 있어서 고생 고생하면서 주차를 했다. 뒤에서 차들이 자꾸 밀어붙여서 움직일 수밖에 없었다. 숙소는 방 두 개이고 화장실도 깨끗하다. 쇠인도 있고 파사노 있나. 투숙객을 배려하는 마음에 기분이

스플리트 전경_저 멀리 디오클레티아누스 궁전 첨탑이 보인다.

좋았다. 저 멀리 창밖으로는 첨탑이 보인다. 로마 황제 궁전에 있는 종탑 같
다. 하루에 7만 원 정도로 가격에 비해 괜찮다.

숙소를 나서서 궁전을 구경하러 갔다. 골목에서 어린아이들이 숨바꼭질을
하면서 노는 모습이 귀엽다. 아이들에게 내가 유일하게 아는 크로아티아 말
(중국식당에서 본 요리 이름인) "페체나 리바 포브르쳄(야채를 곁들인 튀긴
생선)"이라고 말하니 아이들이 어리둥절해한다! 양치기 소년에서 로마 황제
가 된 디오클레티아누스의 3세기 궁전을 봤다. 눈앞의 궁전 벽은 부서져 기둥
들이 앙상한 모습으로 남아 있지만, 몇 개의 대리석 기둥은 온전한 모습으로
보존되어 2000년 전 황제가 거닐던 그 궁전의 모습이 연상된다. 그토록 오랫
동안 모습을 유지해 온 사실을 생각하니 신기하기까지 하다. 유네스코가 세계
문화유산으로 선정할 만한 충분한 가치가 있는 유적이다. 3세기에 황제가 거
닐던 궁전이 이렇게 바로 내 눈앞에 있으니 어찌 신기하지 않을까. 성안의 구
조는 오랜 세월 사람들이 살면서 집을 많이 지어 변형된 것 같다. 집 사이사이

스플리트 열주광장

골목길 바닥의 대리석이 미끌미끌하다. 오랜 세월 연마되어 이렇게 된 것일까. 지나는 골목마다 스카이라인이 멋있다. 사진을 찍으면 무척 잘 나온다.

궁전을 보고 밥을 먹으러 가는 길에 해변 쪽으로 가니 우람한 야자수와 파란 아드리아해, 거기에 떠 있는 보트들과 저 멀리 황제 궁전의 첨탑, 빨간 지붕들, 눈 쌓인 것처럼 희끗희끗한 바위산이 어울려 참 아름답다. 해변을 따라 수많은 카페가 있는데 사람들이 많이 몰려 나와서 커피를 마신다. 해산물 식당을 골라 들어갔다. 3시경인데도 사람들이 많다. 우리는 오징어 먹물 리소토, 한치튀김, 그리고 생선구이를 먹었다. 고기를 스튜처럼 만든 전통 요리도 주문했는데 맛은 그저 그렇다. 토미슬라브 맥주를 시키니 흑맥주다. 흑맥주는 별로 안 좋아하는데 잘못 시켰다. 점심을 먹고 나와서는 주형이가 아는 집을 찾아가서 아이스크림을 먹었다. 아이스크림도 그다지 맛있는 것 같지는 않

스플리트의 해수욕장

맹씨 가족의 **크로아티아** 365일

디오클레티아누스 황제의 궁전을 구경하고 BUFFET FIFE(뷔페인 줄 알았는데 그냥 일반 식당이었다)에서 점심 식사를 했다. 한국어 메뉴판이 있을 정도로 한국인들이 많이 가는 식당이었는데 오징어 먹물 리소토, 참돔구이, 한치튀김, 고기 스튜, 맥주 등 배불리 먹고 아이스크림도 사 먹었다.

피곤해서 눈이 풀린 남편과 아이들을 끌고 이반 메슈트로비치 미술관에 갔으나 이미 문이 닫혀 있었다. 숙소로 돌아와 한숨 자고 야경을 보러 다시 나갔다. 그레고리 주교 동상도 보고 궁전 구석구석을 돌아보다가 출출해서 아직 문이 열려 있는 햄버거 집으로 가서 체밥치치 햄버거와 콜라로 야식을 먹었다(쓰다 보니 먹는 얘기가 대부분이군).

다. 아내가 메슈트로비치 미술관을 보고 싶다고 해서 30분 걸어서 갔는데 문이 닫혀 있다. 모두가 피곤해서 비몽사몽 버스 타고 집에 와서 한숨 잤다.

3월 25일 금요일(스플리트-두브로브니크)

7시경 아침 풍경을 구경하고 싶어서 혼자 나왔다. 궁전으로 가는 골목길은 바닥이 대리석으로 만질만질하다. 오밀조밀 붙어 있는 집들은 돌로 만들어져 매우 튼튼해 보인다. 가로등도 되게 오래된 양식으로 집들 사이를 연결하는 전선과 가끔 보이는 안테나만 빼면 마치 중세의 어느 골목을 걷는 것 같다. 거닐다 보니 저 멀리 골목을 돌아가는 길 위의 하늘을 배경으로 오래된 집들이 뾰주하게 서 있다. 빨긴 담깅도 보인다. 골목을 돌고 돌아가는 느낌이 성겹다. 하수구도 잘되어 있고 동네가 상당히 깨끗하다. 더 내려오니 아파트 베란다에서 빨래를 널고 있는 여인도 보인다. 오늘은 하늘도 맑다. 한국에서 보는 것처럼 파란 하늘이다. 이 새소리는 무엇인가. '호르륵 호륵' 소리를 내는 새도 있고, '쨱짹' 소리를 내는 새도 있다. 이 큰 나무들의 이름은 무엇인가. 먼 나라 외딴 골목길을 걸으면서 이런 호기심이 자꾸만 생기는 이유는 무엇일까.

아침 7시인데 벌써 시장은 생기가 넘친다. 장사하는 사람들은 개업할 준비를 하고 있다. 천막을 세우기도 하고 깃발을 달기도 한다. 시장에는 신문을 읽으며 커피를 마시는 사람도 있다. 노란 고양이도 왔다 갔다 하고 사람들이 바쁘다. 야채 가게들은 무척 활발하다. 녹색 사과, 큰 오렌지, 자두 등을 판다. 양파, 당근 그리고 빨간 뿌리는 또 무엇인고? 바나나, 마른 과일도 판다. 재미있다.

해변 쪽 큰 도로에는 청소차가 들어와서 시끄럽다. 분수도 솟아오른다. 노란 꽃들 주위에 물길이 힘차게 솟아오른다. 야자수가 줄지어 선 해변에서는 파란 옷을 입은 금발 아가씨가 청소를 하고 있다. 아직은 아침이라 사람이 그리 많지 않다. 해변의 카페 앞에 설치된 천막들 때문에 거리는 하얀색 일색이다. 대리석 바닥은 왜 이리 넓은지. 1미터 정도 되는 타일이 깔린 넓은 대로를 걷는 느낌이 묘하다. 호화로운 도시의 부자 시민이 된 것 같은 느낌이다. 가로등도 특이하다. 공중에 가로로 길쭉하게 뻗어 있는데 12개 정도의 하얀 등이 달려 있다.

물청소 중인 큰길을 따라 올라가니 생선 시장이 있다. 생선 시장에서는 자잘한 고기를 많이 판다. 새우도 있고 고등어 작은 것도 있고 잘 모르는 생선도 많이 있다. 오징어, 넙치도 있고 염장한 생선도 있다. 큰 아귀를 바르는 사람도 있어 사진을 찍었다. 작은 물고기를 사려고 사람들이 줄지어 서 있다. 시장이 그리 크지는 않지만 생선을 사고파는 사람들을 보고 있으니 정말 여행 온 아침에 일찍 일어나 광장으로 나가서 구경을 했다. 꽃 시장, 생선 시장 등이 열려 있고 채소와 과일을 파는 좌판이 늘어서 있었다. 생선 시장에서 1킬로그램에 스무 마리 정도 올라가는 커다란 새우를 사 와 올리브 오일과 마늘에 볶아 아침부터 푸짐하게 먹었다. 로마 황제가 사랑한 아름다운 도시 스플리트의 건축물과 해변도 기억에 남지만 싱싱한 대하를 먹은 것이 기억에 더 남았다.

기분이 난다.

생선 시장을 나와 바닷가로 다시 향했다. 해변 카페에 들어가 커피를 달라 하니 에스프레소를 바로 가져다준다. 테이블에 앉으니 바다가 보인다. 해변 야자수 거리를 오가는 사람들이 많다. 검은 옷을 입은 아저씨, 전화하면서 산책하는 사람, 조깅하는 사람, 오토바이를 몰고 가는 사람, 개를 끌고 산책하는 사람 들이 보인다. 카페 앞 거리를 지나는 여인의 표정은 무표정하다. 스플리트는 참 큰 항구이다. 바다에는 큰 배들이 정박해 있고, 저 먼 바다에서는 하얀 크루즈가 들어오고 있다. 바다 물결이 반짝인다. 반짝이는 물결을 잘 그릴 수 있으면 좋겠다는 생각이 든다.

두브로브니크Dubrovnik는 고속도로로 말고 해변 쪽으로 가면 경치가 더 좋다는 말을 들어서, 해변 쪽으로 출발해 일단 오미스라는 곳으로 가 보기로 했다. 오미스에 도착하니 무지무지 큰 바위산이 보이고, 그 바위산 밑으로 집들을 지어 놓고 산다. 참 멋있다. 바다는 파란색에 녹색을 탄 색깔이다. 주형이는 100명 이상의 팔로어를 가진 파워 블로거로서의 역할을 수행하기 위해서 주

아침을 먹은 후 두브로브니크로 출발했다. 2시간 반 정도 걸린다고 내비에 나와서 가벼운 마음이었다. 그런데 내비가 이상한 산길로 안내하는 바람에 스플리트에서 10시 반에 출발했는데 도착하니 오후 4시 반이었다. 물론 중간에 점심을 먹느라 지체하기는 했다. 스플리트 기점 100km 지점에 우연히 점심 먹으러 들어간 식당 모나코. 처음엔 식사가 안 된다고 하더니 송아지고기veal 고기가 있다고 1인당 50쿠나라고 했다. 주인장 얼굴을 보니 왠지 맛있을 것 같은 느낌이 들어 그곳에서 식사를 하기로 했다. 하얀 식탁보가 깔려 있고 접시가 제대로 세팅되어 있고 커틀러리cutlery도 놓여 있었다. 뭔가 믿음이 가는 모습에 기대를 했는데 역시나 훌륭한 선택이었다. 자기들이 직접 만든 햄이라고 갖다 준 것도 맛있었고 올리브 오일에 버무린 토마토 샐러드도 신선했고 스테이크도 참 맛있었다. 직접 구운 빵과 금방 튀긴 감자, 서비스로 준 전통 과실주 라키아rakija도 괜찮았다. 계산서를 보니 빵과 커피는 청구가 안 되어 있고 네 식구 배불리 먹은 점심 값이 286쿠나(약 48000원)밖에 안 되었다. 나중에 꼭 다시 오자고 우리 식구 모두 기분 좋아서 나왔다. 이것이 여행의 묘미라는 생각이 들었다.

문한 오렌지 주스를 햇빛에 비추면서 사진 찍고 있다. 아내는 선글라스 알이 너무 크다고 해도 잘 받아들이지 않는다. 애니웨이. 햇볕은 뜨겁지만 바람이 참 세다. 아내와 주성이는 춥다고 한다. 나는 시원하고 상쾌하다. 해변 카페에서 크림 커피를 시켜서 마셨다.

두브로브니크로 가는 해안 길이 참 아름답다. 해안 길을 가면서 비틀즈의

두브로브니크_ 마을을 감싼 성벽의 한 면에서는 바다가 내려다보인다. 카누 행렬이 인상적이다.

「While my guitar gently weeps」를 듣고 있노라니 기분이 좋다. 두브로브니크에 도착하기 전 우연히 들어간 시골 식당에서서 송아지 스테이크를 먹었다. 가족 모두 만족했다.

두브로브니크에 도착했다. 오후 5시 19분. 스플리트에서 오전 10시 반경에 출발해서 두브로브니크에 도착하니 오후 4시 반경으로 6시간이나 걸렸나. 중간에 밥도 먹고 오미스에서 잠시 쉬기도 했지만 오래 걸렸다. 꼬불꼬불한 해안도로를 타고 내려오다 보니 시간이 더 많이 걸렸다. 해변에서 보니 아드리아해의 푸른 바다가 멋있다.

두브로브니크에 서의 나 와서는 시름실로 설성된 내비게이션 때문에 산길

두브로브니크_집들의 지붕이 빨간 이유는 이 지방 흙의 철 함량이 높기 때문이란다.

로 올라갔다. 거의 차 한 대 정도밖에 지나갈 수 없는 낭떠러지 산길을 달리다 보니 맞은편에서 차가 올까 봐 엄청 걱정이 되었다. 불안불안하게 산 정상의 능선을 달리다 보니 저 아래 두브로브니크가 보였다. 두브로브니크에 들어서니 빨간 지붕의 집들이 보이기 시작하고 거대한 성벽이 보였다. 숙소로 올라가는 길 역시 주차는 쉽지 않았다. 좁은 골목길을 지나 도로 공사를 하고 있는 길을 뚫고 겨우 올라와 주차했다.

숙소는 작은 아파트로 방 두 개에 화장실과 부엌이 깨끗하고 전경이 백만 달러짜리다. 산 위로 올라가는 케이블카도 보인다. 멀리 아드리아해의 수평선이 끝없이 펼쳐져 있고 하늘은 파랗다. 너무 놀라운 광경이다. 숙소에 앉아서 이런 것들을 바라볼 수 있다니 참 좋다. 계단 270개를 올라오는 달동네 높은 곳에서 보는 예쁜 도시, 두브로브니크다. 그런데 숙소가 왜 이렇게 춥나, 두브로브니크는 더운 도시라 들었는데. 뜨거운 커피나 한잔 먹고 나가 봐야

숙소에서 바라본 풍경_저 멀리 보이는 두브로브니크 풍경이 인상적이다.

어머니의 일기

두브로브니크에 도착하니 숙소에서 보는 전망이 너무 멋졌다. 그러나
성벽까지 가려면 계단을 한참 내려가야 해서(거의 300계단) 불평을 했
는데, 큰애 친구가 묵고 있는 숙소는 계단이 더 많다고 우린 양호한 편
이라고 나를 위로해 줬다.

되겠다.

3월 26일 토요일(두브로브니크)

'빨간우산' 워킹투어를 하려고 오전 9시 40분에 나왔다. 과연 재미있을까.
비가 부슬부슬 오고 있지만 추억을 만들자. 10시부터 안내를 시작할 예정이
라 비가 그치기를 기다리며 앞의 고색창연한 건물을 바라봤다. 벽 표면에 조

각된 여인의 부조, 천사의 조각 아래 라틴 문자가 쓰여 있는 대리석에서도 갈색 흔적이 수백 년 젖었다가 마른 빗물 자국이 흘러내리는 모양으로 맺혀 있다. 원형의 시계 모양 무늬가 새겨진 예술적인 느낌이 물씬 풍기는 건물이다. 기둥 윗부분에서 소용돌이처럼 흘러내리는 삼각형의 천사 날개와 아치형의 녹색 문도 아름답다. 성벽을 이루는 하나하나의 작은 벽돌 조각들도 인상적이다. 이런 것이 서양 문명의 하이라이트인가. 그래서 멀리 동양 사람들도, 여기 서양 사람들도 관광을 많이 오는가 보다.

워킹투어를 1시간 정도 했다. 프란체스코회 수도원 건물 외곽에 붙은 좁은 난간에서 균형을 잡고 웃옷을 벗으면 처녀 총각이 결혼할 수 있다는 말에 몇몇 사람이 시도하는 것을 보면서 가이드를 받기 시작했다. 두브로브니크 성안을 가로지르는 큰 길의 집들은 지진 때문에 베란다 설치가 법으로 금지되었다는 설명을 듣고 보니 역시 베란다가 없다. 골목길 안으로 들어서니 베란다가 있다. 상단에 긴 나무를 걸 수 있는 구멍 두 개가 있는 집들이 많이 보이는데 아랍의 영향이라 한다. 외세와 타협하고자 오스만 튀르크 세력에게 10킬로미터 정도 해변 영토를 내줬다고 하는데, 지금도 두브로브니크에 오려면 보스니아 헤르체고비나의 영토인 그곳을 지나야 하고 여권도 제시해야 한다.

두브로브니크는 옛날 해상 무역의 중심이었다고 한다. 옛날 무역소를 구경했는데 고딕 양식, 르네상스 양식 등 다양한 양식이 섞여 있는 건물이라고 했다. 광장으로 나와 기사가 범죄자들을 감시하는 모습의 '부끄러움의 기둥pillar of shame'이라는 동상, 스페인 광장을 모사한 곳, 그린 마켓 등을 구경하고 해산했다. 도로를 어슬렁거리며 붉은 산호 가게를 구경했다. 붉은 산호는 바다 밑수십 미터에서 자라서 채취하려면 깊은 곳으로 들어가야 한다고 한다. 산호를 연마하는 공정을 보았는데 작고 예리하게 갈려면 위험해서 가격이 비싸진다

두브로브니크 성벽 투어

두브로크니크 성벽 투어_여름의 이곳은 햇살도 굉장히 뜨겁다. 검게 탄 주성을 보라.

고 한다. 이것으로 장식품이나 보석을 만든 것이 이곳의 명물 중 하나이다.

점심을 먹은 후에는 성벽 투어를 했다. 성벽 위로 올라서니 끝없이 사진을

어머니의 일기

어제 사 온 빵과 계란, 커피, 오렌지로 아침을 먹고 구도심 투어에 참가했다. 1시간가량 설명을 들으며 다니는 건데 가격 대비 썩 만족스럽지는 않았다. 1인당 투어 비용이 90쿠나였는데 안 들어도 되었을 뻔했다. 투어를 마치고 약국에 가서 장미 그림을 사고 돈치 씨가 추천한 식당에 가서 푸짐하게 점심을 먹었다. 주성이와 나는 굴을 두 개씩 먹고 문어 샐러드, 먹물 리소토, 참치튀김, 감자튀김으로 식사를 했다. 점심을 먹고 성벽 투어를 1시간 반 정도 했다. 두브로브니크 관광의 핵심은 성벽 투어 같다. 해안을 따라 쭉 이어져 있는 성벽을 걷는 건데 아름다운 아드리아해와 붉은 지붕의 두브로브니크 마을이 멋진 조화를 이루었다. 숙소에 와서 좀 쉰 다음에 저녁을 먹으러 다시 나갔다. 퓨전 아시아 음식점 아주르Azur에서 내가 저녁을 샀다. 여러 종류의 음식이 조금씩 나왔는데 맛은 좋았지만 가격이 너무 비싼 게 흠이었다. 내일 새벽 2시에 서머 타임이 시작된다고 한다. 시계를 1시간 일찍 맞추려고 했으나 핸드폰이나 컴퓨터는 자동으로 시간이 조정된다고 해서 그냥 잤다.

찍고 싶게 만드는 풍경이 펼쳐져 있다. 밤에 시내로 나와서 아내가 찾은 태국 퓨전 레스토랑에서 759쿠나어치를 사 먹었다. 미트볼, 작은 버거인 슬라이더 Slider, 검은 훈제 연어를 구운 아주르Azur, 치킨 타코 등을 먹었다. 그런데 식사를 마치고 산책을 하다가 휴대폰 배터리가 모두 방전되어서 충전을 다시 했더니 비밀번호를 넣으라고 한다. 비밀번호를 몰라서 전화기가 무용지물이 돼 버렸다. 셋째 날부터 전화기를 못 쓰게 되었다!

3월 27일 일요일(두브로브니크-스플리트-흐바르)

두브로브니크를 떠나는 날이다. 막상 떠나려니 아쉽다. 저 아래 예쁜 도시를 그려 보고 싶다. '아드리아의 진주'라는 표현에 공감이 간다. 주차하기 어려워서 쉽게 나가려고 어젯밤에 차를 돌려놓았다. 출발하면서 양옆으로 서 있는 차들 사이 좁은 공간을 빠져나오기가 역시 쉽지 않았다. 어제 차를 돌려놓기를 잘했다. 두브로브니크 중심부를 조금 지나니 도로 아래 마을이 보인다. 강이 흐르고 마을이 형성되어 있다. 이곳도 멋지다. 사진 찍고 다시 출발.

다시 스플리트로 가는 고속도로다. 돌산의 희끗희끗한 것이 눈 쌓인 산 같다. 돌산 암석 틈새에서 자라는 녹색 나무들도 보이고 고속도로에서 보는 풍경도 멋있다. 남북으로 연결되는 산맥을 서쪽으로 끼고 계속 달리는 고속도로는 드라이브하기 편했다. 고속도로는 2차선으로 잘 구비되어 있으나 달리는 차는 거의 없다. 앞뒤 몇 백 미터에 차들이 없다. 산업이 정말 없는 것일까. 9

돋키의 고향집_크선 의인인 돈키는 이곳이 좋다나 여름 식 날을 꼬막 여기서 보낸다.

시경에 두브로브니크 숙소를 출발하여 스플리트에 12시 40분경에 도착했다. 고속도로로 이동해서 시간이 단축되었다. 오늘부터 서머 타임을 시행하는 날이다.

흐바르Hvar에 배를 타고 들어갔다. 흐바르에서 돈치를 만나 짐을 풀고 나와

어머니의 일기

오늘은 두브로브니크를 떠나는 날. 어제까지 날씨가 안 좋았는데 오늘은 화창하다. 빛나는 태양 아래의 두브로브니크는 너무 아름다웠다. 여름에 대근네 식구들이랑 다시 오리라 생각하며 아쉬움을 달랬다. 그런데 남편 핸드폰이 말썽을 일으켰다. 크로아티아에 와서 유심칩으로 바꾼 뒤 한 번도 pin넘버를 넣어 본 적이 없단다. 배터리를 교환하는 기종이 아니어서 그랬다는데 어쨌든 배터리가 다 되어 충전 뒤 새로 핸드폰을 켜야 하는데 pin넘버를 몰라 사용할 수가 없다. 흐바르섬에서 돈치 씨를 만나기로 했기에 당황되는 순간이었다. 다행히 주성이가 밀코 씨 번호를 알고 있어 연락을 해서 돈치 씨 번호를 알아내었다. 주성이와 돈치 씨가 서로 핸드폰 번호를 알게 된 것이 나중에 아주 유용한 일이 되었다.

스플리트에서 카페리Car Ferry에 차를 싣고 흐바르섬으로 갔다. 흐바르 본섬이 아닌 스타리그라드 쪽에 있는 돈치 씨 지인의 집에 묵었다. 돈치 씨의 안내로 스타리그라드에 대한 자세한 설명을 듣고 그 동네 식당에서 문어 요리 3종 세트로 저녁을 먹었다. 아드리아해의 100대 셰프라는 그 식당의 주인은 돈치 씨 동창이라 했다. 우리 식구 모두 문어 요리에 환호했다. 정말 기가 막히게 맛있었다.

문어 샐러드 / 문어 야채볶음 / 문어 튀김

서 돈치에게 흐바르 역사에 대해 들었다. 그리스 성벽 터, 로마 유적지, 포도
주를 쪼아 먹는 새가 그려진 모자이크 등을 보았다. 돈치가 학생 시절까지 살
았던 돈치의 역사 깊은 집도 가 보았다. 오래된 뜰도 구경했다. 오래된 포도주
도 자랑했지만 찾지 못했다. 손수 담근 술을 한 잔씩 들고 우리 가족들과 건배
를 했다. 오래된 집에서의 인상적이고 즐거운 시간이었다. 돈치의 친구가 하
는 다미르에서 저녁을 먹었다. 문어 요리가 연하고 맛있었다.

3월 28일 월요일(흐바르)

아침에 아내가 좀 불만스러워했다. 어제저녁 먹은 식사비가 생각보다 많이
나왔기 때문이다. 오늘 아침에도 230쿠나 정도 나왔다. 어제저녁에 빵을 더
많이 먹었는데 아침에 빵값이 더 나온 것 같았다. 멋대로 가격을 매기는 것이
불만스러웠는데 알고 보니 비디값이있다. 비버글 하나 너 녁였나.

10시경에 돈치를 만나 스타리그라드로 가기 전에 도미니칸 수도원 박물관을 구경했다. 스타리그라드는 고대부터 활발한 무역 장소였기에 로마 황제들의 동전이 이곳에서 많이 발견되었다고 한다. 아우구스투스, 칼리굴라 등 로마 황제 얼굴이 그려진 동전을 보았다. 거의 모든 로마 황제의 동전이 전시되어 있다.

　헥트로비치Hektrović라는 귀족이 주문하여 제작했다는 피에타도 보았다. 쓰러진 예수 주위에 있는 헥트로비치와 그 가족이 서 있는 그림이다. 이 작품은 달마티아의 가장 아름다운 수집품 중 하나라고 카탈로그에 써 있다. 헥트로비치는 16세기 크로아티아의 유명한 시인으로 『낚시와 어부의 대화』라는 작품을 남겼으며 19세기에 재발견된 작가라 한다. 크로시픽스crucifix라 하는 십자가 문양도 보았다. 로마 문자가 새겨진 명판들도 보았다. 박물관을 나와서는 고딕 양식과 근대의 양식이 겹쳐진 교회에 들어가서 돈치의 설명을 들었다. 헌금을 하면 전용 좌석을 주는 교회라는데 19세기에 개축했다고 한다. 원래는 미니멀리즘을 추구해서 장식이 별로 없던 교회가 개축되면서 많이 변형

스타리그라드(Starigrad)

스타리그라드는 흐바르섬 북부에 위치한 조그만 마을이다. 흐바르는 크로아티아 달마티아 해변 서쪽 아드리아해에 떠 있는 길이 68km 정도 되는 길쭉한 섬이다. 흐바르섬의 수도는 흐바르시이고 스타리그라드는 과거의 수도였지만 지금은 제2의 도시이다. 스타리그라드는 고대 그리스 시대부터 2400년이나 보존되어 온 경작 평원(Starigrad Plain)으로 유명하다. 기원전 384년 그리스의 지배자가 이 섬의 정착민들에게 토지를 균등하게 분배하고자 평원을 직사각형 73개의 경작지로 나누었다. 분할된 경작지의 단위는 905×181m, 그리스 시대의 단위로 5×1stadi로 면적이 16헥타르 정도이다. 이 경작지가 현재까지 그대로 보존되어 그 시절부터 농사지어 온 포도, 올리브 등을 재배하고 있다.

되었다고 한다. 돈치가 설명해 줘서 많은 것을 들을 수 있었는데 모든 것이 소화가 된 것 같지는 않다. 교회를 나와서는 돈치가 어린 시절 놀던 풀밭에 가서 개미집도 찾아보았다. 1571년 오스만 튀르크 군대가 침략해 왔을 때도 보존

어머니의 일기

어제가 부활절이어서 문을 연 가게가 없어 사 둔 게 없기에 어제저녁 그 식당으로 갔다. 주성은 요리에 관심이 많아 오믈렛 요리를 하는 주방에 들어가 주방장과 같이 요리를 하고 사진을 찍었다. 아침을 먹고 다시 돈치 씨를 만나 섬의 이곳저곳을 다니면서 안내를 받았다. 그 동네 사람들에 대한 뒷얘기와 본섬인 흐바르의 바보시장 얘기, 그리고 원래는 문을 안 여는 날이었던 뮤지엄을 돈치 씨 덕분에 들어가기도 했다.

아침을 먹으러 간 문어 요리 식당_아침부터 문어가 먹고 싶었으나 오믈렛으로 타협하고 음식이 나오기를 기다리고 있다.

스타리그라드 골목_인구 200명이 채 안 되는 정말 작은 동네다.

되었다는 헥트로비치의 요새처럼 생긴 집도 보았다.

스타리그라드는 한마디로 살아 있는 역사이기 때문에 2008년 유네스코 세계문화유산으로 지정되었다. 모두 여기에서 발견되었다고 한다. 스타리그라드는 흐바르섬에서 가장 오랜 역사와 풍부한 문화유산을 가져서 학자들에게 가장 유명하지만, 관광객들은 주로 흐바르시를 방문하기 때문에 스타리그라드를 찾는 관광객은 매우 적다. 스타리그라드 마을은 바닷물이 들어오는 만을 끼고 발달하여 석양이 정박한 배들을 비추면 매우 아름답다. 밤에 오래된 집들 사이 골목골목을 거닐다 보면 내가 중세의 한 마을을 거닐고 있다는 느낌이 드는 인상적인 마을이다.

점심을 먹고 스타리그라드 평원을 구경 갔다. 포도나무, 올리브 나무, 라벤더 등이 많이 보인다. 평원에서 에스키모 얼음집과 유사하게 생긴 기원을 알 수 없는 돌집도 보고 언덕에 올라가 오래되어 무너진 경계 초소도 구경했다.

스타리그라드 보트 선착장

스타리그라드 평원을 가로지르면 브르보스카Vrboska라는 어촌에 연결된다. 이 곳은 그리스 경작지의 동쪽과 연결되는 조용한 마을이다. 요새처럼 생긴 교회도 구경하고 커피를 마셨다. 이곳도 바다로 연결된 만을 따라 발전한 마을인데 바다 쪽으로 내려가니 아름다운 돌다리가 보인다. 이곳에 최초의 어부 박물관Fisher's museum이 있다고 한다. 16세기에 흐바르 민란Hvar Rebellion(1510~ 1514)을 일으킨 이반Matija Ivanić이란 사람의 집 앞에서 사진을 찍고 흐바르로 출발했다.

산 정상 바다가 보이는 낭떠러지 능선 길로 나 있는 고속도로를 달려서 흐 바르시에 도착했다. 광장에서 바다를 바라보면서 돈치가 흐바르 역사를 설명해 줬다. 프란체스카 수도원에 갔는데 잠겨 있어 별로 보지 못했다. 다시 광장으로 나와 화장실을 공동 이용한 다음 커피 한잔했다. 차로 산 정상의 요새로 올라가서 전시된 대표아 아드리아해의 역시 빨건 지붕의 집들을 구경했나. 오스만 튀르크가 침략했을 때 유일하게 방어한 요새라 한다.

스타리그라드에 다시 와서는 다미르에서 저녁을 먹었다. 문어볶음, 오징어구이 볶음, 작은 생선 튀긴 것을 주문하고 물 탄 포도주 마시는 법을 배웠다. 식사는 어제 과다 지출의 여파로 예산을 절약하면서 주문했다. 그래도 가족들 모두 비교적 만족해했다. 밤에 중세의 느낌을 가져 보자고 오래된 마을의 꼬불꼬불한 골목길을 가족 모두 같이 산책했다.

3월 29일 화요일(흐바르-스플리트-자그레브)

주형이가 준비한 아침이 맛있었다. 소세지, 버터 바른 빵, 차가운 계란 샐러드와 따뜻한 음식이 균형을 이뤄 좋았나. 빨리 가아 한다고 아내의 재촉이 심했던 아침이다. 출발하는 항구에서 드디어 괜찮은 마그넷을 하나 사서 아내가 만족했다.

어머니의 일기

주형이가 준비한 아침 식사를 먹고 숙소를 나왔다. 어제저녁 방이 너무 추워 주인에게 이불을 더 달라 했더니 부활절이라고 과자와 빵도 챙겨 다 주었다. 청소가 안 되어 있고 여러 가지로 불편한 숙소였지만 친절한 주인에, 하룻밤 200쿠나(약 34000원)라는 환상적인 요금에 만족하기로 했다. 항구에서 흐바르섬 마그넷도 사고 다시 카페리로 스플리트에 도착해선 휴게소에서 차에 기름만 넣고 열심히 운전해서 드디어 집에 도착했다. 중간에 테슬라 기념관이 있는 동네에 잠깐 들렀는데 그곳 상점이 일찍 문을 닫아 테슬라 기념품을 못 사 남편이 상당히 아쉬워했다.

(맹완영)

포레치-로빈 여행 (2016. 4. 23~24)

4월 23일 토요일(포레치)

어머니가 깨우시는 소리에 잠에서 일어났다. 나 혼자 가는 여행이라면 알람을 칼같이 맞춰 놓고 아침부터 분주히 움직였을 터이다. 부모님과 함께한다는 모종의 안도감에 자꾸 나태해지는 것 같다. '이젠 다 큰 성인이고 오늘은 처음으로 장거리 운전도 맡게 되었으니 더욱 주인 의식을 가져야지…….' 유통 기한 3시간짜리 다짐을 속으로 되뇌며 간신히 어머니의 재촉이 몰아치기 전에 준비를 끝마쳤다. 1박 2일 여행이라 그냥 백팩에 속옷 한 장, 양말 한 켤레, 칫솔과 여권만 쑤셔 넣었다. 어떤 이들은 여행 그 자체보다 준비하는 것이 더 설레고 재미있다고 하던데 나는 여행 전에는 실감을 전혀 못하는 편이다. 여행 몇 번 다녀 봤다고 내심 거만해진 것일까? 아니면 일상에서 탈피한다는 것에 희열을 못 느낄 정도로 되는대로 일상을 꾸려서 그럴까?

이번 여행의 목적지는 이스트라Istra반도다. 한때는 이탈리아 땅이었으며 지금까지도 그 흔적이 다른 곳보다 깊게 배어 있어 달마티아 해안과는 또 다른 분위기로, 크로아티아 휴양의 큰 축이다. 송로 버섯의 주산지이며 질 좋은 올리브 오일도 유명하다. 풀라, 포레치Porec, 로빈Robinj 등의 해안 도시가 유명한데 투박한 항구와는 거리가 멀다. 두부 같은 돌들이 차곡차곡 깔린 골목길을 따라 걷다 보면 바로 바다와 맞닿은 막다른 길이 나와 당황할지도 모르는, 그런 낭만을 품고 있는 곳이다.

첫 장거리 운전은 시작부터 순탄치 않았다. 국제 운전면허증을 집에 두고 온 것을 미할레바츠Mihalevac를 지나치고서야 알았다. 부모님 특히 아버지는 내가 운전할 때 상당히 불안해하고 아직까지 긴장을 숨기지 않으시는데, 괜히 준비되지 못한 모습을 보여 내가 아버지의 정신 건강을 해하지는 않을까 초장부터 떨렸다. 사실 운전 자체는 그리 어렵지 않았다. 차가 많지도 않았고 좁은 골목을 비집고 들어갈 일도 없었으며, 고속도로 자체에 부담을 가질 정도로 차가 낯설지는 않았다. 비록 군대에서 1만 킬로미터 정도를 탄 것이 전부이나 서당 개 3년이면 풍월을 읊는다고, 항상 멀리 보며 운전하려고 노력했고 직선 도로를 달릴 때에도 뒤와 옆에 차가 있는지, 있다면 어느 정도의 속도로 오는지 인지하며 가려고 애를 썼다.

도합 6시간 정도를 운전했으려나? 새삼 저번 두브로브니크 여행에서 애쓰셨던 아버지가 굉장히 감사하다고 생각했다. 시시각각 다른 빛깔로 반짝이는 아드리아해를 끼고 달리는 해안도로가 그리 지루하지는 않으셨겠지만, 몇 날며칠 운전대를 잡는다는 것은 신체적으로나 정신적으로나 꽤나 고된 일이라는 걸 직접 그 중책을 맡아 보니 실감이 되었다. 하루 빨리 운전 실력을 키워 아버지를 쉬게 해 드려야겠다고 생각했다.

우산을 받쳐 든 아버지의 뒷모습_우리의 여행은 비와 떼려야 뗄 수 없다.

　고속도로의 최고 제한 속도가 130킬로미터라 그런지 좀 더 밟는 맛이 좋았던 것은 보너스. 음악을 크게 틀어 놓고(주로 재즈, 주형이와 어머니는 이따금 혼란해하지만) 내비게이션을 따라 달리다 보면 목적지에 도달하는 것이 요즘의 운전인데, 지도만 보고 목적지를 찾아가던 시절에는 과연 여행의 풍경이 어땠을지 궁금하다. 다음에는 내비게이션을 끈 채 달리는 아날로그 여행을 제안해야겠다.

　신기하게 우리 가족이 여행을 할 때면 비가 내린다. 블레드 호수에 찾아가는 날에도 비가 내렸고 이번에도 역시 비는 멈추지 않았다. 9시에 출발해 2시 즈음에 포레치에 도착했고 각자 우산 하나씩을 꺼내 들고 시내에 들어갔다.

　작은 항구 도시 포레치는 평화롭지만 그리 섬세하지는 않았다. 분명한 근거가 있는 감상은 아니다. 남들이 그렇게 얘기하는 것을 듣지도 않았다. 그저 '섬세히지는 않구나, 이곳이'라는 보호한 느낌이 포레치 시내를 걷는 내내 들

8시경 출발하려 했으나 결국은 9시경 출발했다. 늦게 출발하기도 했고 주성이 운전면허증을 안 가지고 나와서 다시 돌아가느라 조금 지체되었다. 지난번 리예카에 갈 때 안개 낀 절벽을 가던 기억이 나서 슬로베니아의 류블랴나 쪽으로 방향을 잡았다. 최종 목적지의 위도와 경도를 찍으러 슬로베니아 주유소 매점에 들어갔다. 화장실 쿠폰으로 자판기에서 카페라테를 뽑았는데 커피가 안 들어 있다. 점원은 기계는 절대 거짓말하지 않는다며 커피를 교환해 주지 않는다. 그냥 가겠다고 하니 그제야 주는 척해서 그냥 와 버렸다. 참 인심 흉한 슬로베니아다. 오늘은 주성이가 운전했다. 비 오는 길을 운전했는데 그래도 꽤 하는 편이었다. 옆에서 잔소리 좀 하긴 했지만 운전병 경력이 도움이 된 것 같다. 주성이가 슬로베니아 출국 경찰관과 크로아티아어로 대화했다. 꽤 대화가 통했다. 경찰관들도 신기했는지 칭찬하니 주성이는 "말로, 말로"(조금이라는 의미) 하면서 겸손해했다. 다시 크로아티아에 입국했다.

비가 꽤 온다. 포레치에 거의 다 도착했는데 사이클 시합 때문에 차들이 꽉 막혀 있다. 하늘에서는 헬리콥터가 시합을 지원하느라 날아다니고 땅에서는 오가는 길을 모두 다 막아 놓았다. 30분 정도 기다리다가 옆에 있는 주차장에 차를 세우고 걸어서 다운타운으로 들어가기로 했다. 도시는 아담한데 관광객들이 많았다. 점심 먹는 식당에 앉고 나서 시간을 보니 3시경이었다. 중간에 길도 막히고 사이클 시합도 있었고 주유소 매점에서 소동도 있어서 지체되었지만 거의 6시간 걸린 것은 심하다. 식당에서는 또 오징어 구이를 먹었다. 가재 찐 것, 송로 버섯 파스타 등도 먹었다.

었다. 날씨가 하도 우중충한 데다 살짝 오한이 느껴지는 추운 날씨 탓에 섬세한 감상이 불가능해서 더 그렇게 느꼈을지도 모른다.

어떤 작은 것 하나에 꽂혀 큰 그림을 논하는 것이 일반화라면, 나는 그 반대로 여행지에 대한 감상을 정할 때가 많다. 여행지에 대해 머릿속에서 되짚을 때면 당시에 느꼈던 시끄러웠다든가 낭만적이었다든가 같은 첫인상밖에 떠

코레지의 골목길

오르지 않고, 이를 렌즈 삼아 이어서 생각나는 그곳의 풍경들마저 재단한다. 지금 다시 간다면 너무 아름다울지도 모르는 여러 여행지가 '옷이 땀으로 젖을 정도로 더웠다. 그곳의 성당도 왠지 두툼한 옷을 껴입은 느낌이라 답답했다. 이래서 나는 로마네스크 양식이 싫어' 정도로 기억에 남는다는 것은 슬픈 일이지만 나라는 사람의 인식 능력이 그런 것을 어찌하랴.

음식은 상당히 인상 깊었다. 여행 사이트 '트립어드바이저' 평점(?) 1위 식당(Konoba Aba)에 가서 송로 버섯으로 맛을 낸 새우 파스타, 구운 오징어, 송로 버섯과 새우로 맛을 낸 리소토, 새우구이를 먹었는데 하나같이 맛이 좋았다. 특히 송로 버섯은 처음 먹어 보는 것이었는데 생각보다 독특한 풍미에 놀랐다. 얇게 저민 버섯을 파스타나 리소토에 듬뿍 올려서 내왔는데, 버섯에서 처음 느껴 보는 소나무 향이 올라왔고 식감은 얇은 아몬드를 씹는 것 같은 느낌이었다. 풍미가 있다는 표현이 어느 때보다 적절했다. 리소토나 파스타의 익힘도 훌륭했다. 소금간은 완벽했지만 오징어와 새우는 그리 인상 깊지 않았다. 특히 해산물구이는 재료의 크기와 질로 승부하는 요리여서 가격을 생각한다면 이해할 만했다. 사실 식탁에 있는 올리브 오일을 맛보는 그 순간부터 어느 정도 음식 맛이 좋을 거라는 확신이 들었다. 올리브 오일이 탁월히 신선했기 때문이다. 갓 짠 올리브 오일은 빛깔이 다소 초록빛이고 한 입 머금었을 때 풀맛, 쓴맛, 신맛 등이 올라오는데 기름의 고소함과 어우러져 상당히 독특한 경험을 선사한다. 이곳의 올리브 오일도 그러했다.

유럽에 와서 감흥이 무뎌진 것이 몇 가지 있는데 그중 하나가 성당이다. 포레치에서 1세기에 기독교인들이 이주해 와서 지었다는 바실리카를 구경했는데, 유명하다는 모자이크도 그리 인상 깊지는 않았다. 집에 돌아가면 성당의 건축 양식에 대해 얕게라도 공부해야겠다고 생각했다. 그놈이 그놈인 것

포레치는 기원전 2세기경에 생성된 로마의 도시이다. 인구 1만 명 정도의 작은 마을이지만 정감이 가는 골목골목이 있고, 북적거리는 관광객들로 활기차서 나도 관광객의 심정이 되는 것이 나쁘지 않다. 유서 깊은 에우프라시우스 성당Euphrasian Basilica도 있다. 에우프라시우스 주교가 6세기에 다시 건설했다는 성당 내부로 들어와 맨 뒤에 서서 성당 정면을 보니 돌 조각들로 모자이크한 성상이 보인다. 예수와 제자들이다. 12사도와 수태고지 모자이크가 비잔틴 예술의 걸작이라 한다. 내 눈에는 돌로 된 모자이크 그림들이 아주 섬세해 보이지는 않으나 독특한 아름다움이 있다. 성당 내부 양쪽 옆으로는 기둥들이 있고 천장은 나무로 만들어진 소박한 양식이다. 제단은 황금빛으로 화려하다. 예술적 가치가 인정되어 유네스코 세계문화유산으로 등재되어 있다 한다. 종탑에 올라가서 시험 삼아 종을 한 번 쳤더니 무지무지 큰 소리가 울려서 깜짝 놀랐다. 바로 도망갈 수도 없고 굉장히 당황스러웠지만 침착하게 내려왔다.

유럽의 골목은 언제 봐도 멋있다. 오래된 건물들과 거리가 그 기능을 다하는 것이 훌륭하고, 만질만질한 길바닥, 집들의 창문, 창문 덮개와 베란다를 바치는 구조물들이 하나하나 다양하고 섬세하고 예술적이다. 동물 모양 조각의 베란다 받침, 뾰족한 아치형 창문, 오래된 나무 창문 덮개와 거기에 골목에 서 있는 오토바이까지 어우러져 아름답다. 오랜 세월 역사가 녹아 누적된 것들이기 때문에 멋진 것이리라. 골목이 무수한 상점과 사람들로 붐벼서 재미있다. 이 골목은 로마 시대의 형태를 아직까지도 유지하고 있다고 한다. 왠지 이 광경을 오래 기억하고 싶어서 주도로의 중심에 서서 사방으로 동영상을 찍었다. 바닷가로 나오면 여객선도 많이 보이고 패키지 관광을 온 사람들이 무리 지어 지나가고 큰 개 두 마리를 끌고 산책 나온 사람들도 보인다.

포레치에서 6시 20분경 출발해서 로빈에 7시경 도착했다. 바다가 가까워 보인다. 방이 두 개짜리인데 평범하다. 하룻밤 지내기에 큰 불편함은 없다. 조금 춥지만 7만 원짜리 방에 얼마나 기대를 할 수 있겠나. 저녁으로 라면 하나와 주형이가 만든 알리오 올리오 파스타를 먹었다. 뜨거운 라면 국물을 먹으니 으슬으슬하던 몸이 좀 따뜻해진다. 알리오 올리오 파스타도 싱겁지만 먹을 만했다.

같은 상황을 타개하려면 아는 것을 늘리는 수밖에 없다. 아는 만큼 보인다.

저녁 7시 즈음해서야 로빈에 도착했다. 오랜만에 장시간 운전을 한 탓인지 저녁도 안 먹고 곯아떨어졌다. 사진은 그럴듯했으나(심지어 숙소 이름이 White sensation이었다) 구석구석 거미줄로 장식을 해 놓은 숙소에 어머니나 나나 적잖이 실망했다. 집 거실이 있어야 하는 이유를 이곳의 좁은 주방에 모여 앉아서야 실감했다.

4월 24일 일요일(로빈)

아침 일찍 조깅을 나섰다. 나는 여행지에 가서 조깅하는 것을 좋아한다. 남미에서부터 시작한 버릇인데 집에서는 잘 하지도 않는 조깅이 여행지에서는 왜 그리 재미있는지 모르겠다. 조깅을 나가 광장에 열린 장터에서 올리브 오일, 트러플 오일, 트러플 페이스트, 무화과 등을 맛봤다. 아직 더듬더듬하는 크로아티아 말이지만 괜히 가서 친한 척을 하면 상인들은 이것저것 먹어 보라며 권한다. 특히 무화과는 처음 먹어 보는 것이었는데 건조한 것을 맛봤는데도 특유의 과실향이 그대로 남아 있어 신기했다. 첫맛은 대추 같지만 이내 상큼함이 따라오는데 기분이 좋았다. 묵직함으로 시작해 텁텁함으로 끝나는 대추와는 또 다른 맛이었다. 집을 나설 때만 해도 설마설마했는데 곧 비가 왔다. 오늘 관광도 손이 자유롭지 못하겠구나 하면서 비를 뚫고 숙소로 서둘러 돌아왔다.

로빈은 포레치보다 좀 더 섬세하고 좀 더 낭만적이었다. 포레치는 구도심이 평지에 펼쳐져 있다면 로빈은 도시 중심에 솟은 성당을 중심으로 해안으로 떨어지는 언덕 지형이라, 마을의 높고 낮음이 특유의 분위기를 형성하는 데에 일조한다. 비가 와서 구석구석 살피지는 못했으나 우리 가족 모두 로빈은 한 번 더 오자고 입을 모았다.

집에 가기 전에 발비Balbi라는 파스타 집에 들렀는데 역시나 파스타 맛이 상당히 좋았다. 특히 매일 먹는 스파게티가 아니라 플류칸치Pljukanci라는 지렁이

로빈 전경_가운데 우뚝 솟은 것이 섬 꼭대기의 성당이다.

낚시하는 할아버지, 그리고 멀리 보이는 로빈_둘 다 여유로워 보인다.

모양의 숏파스타를 맛봤는데 식감이 독특해 재미있게 먹었다. 이탈리아의 흔적이 깊게 남은 곳이라 그런지 소스보다는 파스타의 익힘에 신경을 쓴 것이 역력해 좋았다. 알리오 올리오에 토마토를 넣은 것이 신선했고 카르보나라도 진짜 판체타(돼지 삼겹살을 염장한 베이컨 같은 햄)와 달걀노른자로 만들어 크림으로 범벅된 카르보나라보다 맛이 훨씬 더 진했다. 플류칸치는 두 가지 소스와 먹었는데 오징어 라구보다 해물 육수를 베이스로 채 썰어 볶은 호박이 곁들여 나온 것이 더 좋았다. 맛있는 소스도 중요하나 면 자체에 대해서도 더 공부해 봐야겠다.

돌아올 때는 아버지가 운전을 하셨다. 집에 오니 5시 정도였다. 포레치와 로빈 같은 낭만적인 곳을 1박 2일 만에 다녀올 수 있다는 것은 큰 행운이다. 마음만 먹으면 더욱 다양한 곳을 손쉽게 여행할 수 있겠구나 … 여행을 끝내며 앞으로가 더 기대되었다.

(맹주성)

로빈에서 맛본 4단 파스타_
사진을 찍지 않을 수 없는 모양새다.

아버지의 일기

숙소에서 나와 해변에 있는 주차장에 차를 세웠다. 해변에서 성당으로 걸어가면서 보는 로빈의 경치가 참 아름답다. 언덕 위에 있는 성당 첨탑 주위에 만들어져 바다 위에 떠 있는 섬 같은 마을이 손안에 쏙 들어올 듯하다.

로빈 언덕 꼭대기에 우뚝 솟아 있는 성 유페미아 성당과 종탑(높이 60미터)은 로빈의 랜드마크이다. 스플리트 궁전이 있는 로마 디오클레티아누스 황제 시절, 사자에게 물려서 순교한 성 유페미아를 기념한 성당이라 한다. 로빈은 원래 섬이었는데 1763년에 본토와 연결하여 항구로 발전한 도시라고 한다. 500년 동안 베네치아 공국의 지배를 받고 제2차 세계대전 전에는 이탈리아의 영향을 많이 받아 이탈리아 사람들도 많이 거주하고 음식도 이탈리아풍이라고 한다. 로빈 주변에서는 흐바르섬에서 본 것 같은 돌로 만든 작은 오두막집도 볼 수 있다. 신기하다.

돌집은 어디에나 있는 것인가?

언덕 꼭대기에 있는 성 유페미아 성당에 올라가니 사방으로 바다가 보인다. 성당에서는 미사를 드리고 있다. 성당 옆에 있는 가게에서 수채화 몇 점을 사고 골목을 조금 더 내려와서 유화도 샀다. 70유로로 두 개의 그림을 샀다. 성당을 보고 내려가는 로빈의 골목길도 참 아름답다. 내려가는 골목길에서 사진 몇 장을 찍었다. 집들의 벽에서 오랜 역사가 보인다. 가장 밑바닥에는 오래된 옛날 벽돌, 위에는 새로운 넓적한 벽돌이 섞여 쌓여 있다. 골목 바닥은 만질만질한 대리석이다. 골목을 내려오다 나이브 아트naïve art 가게가 있어 구경했다. 나이브 아트는 정규교육을 받지 못한 교외지역의 화가들이 자신의 방식대로 그린 그림을 말하는데 오히려 작가 개개인의 개성이 강하게 느껴져 구경하는 재미가 있다. 특히 내가 들른 가게에는 유리에 그림을 그린 다음 반대쪽을 감상하는 그림들이 많았다. 주성이 말로는 그리는 순서를 미리 정교하게 결정해야 좋은 그림이 된다고 한다. 이런 그림인 줄 처음 알았다. 발비란 가게에서 스파게티, 생선구이, 오징어튀김 모듬 등을 먹었다. 카르보나라, 알리오 올리오 등등 다양한 스파게티를 먹었다. 가족 모두 만족했다.

점심을 먹고 자그레브로 출발했다. 1시 반 정도 출발해서 4시 40분경에 도착했다. 오는 길에 바람이 심한 구간이 있어서 조금 놀랐다. 차가 휘청거릴 정도였다. 리예카로 넘어오는 길에는 큰 산맥이 가로놓여 있어 터널도 몇 개 통과해야 했다. 아래로 보이는 경치가 장관이었지만 바람이 심해서 조금 무서운 느낌마저 들었다. 차 안에서 음악을 많이 들었다. 비틀즈의 「Eleanor Rigby」 기타 연주곡을 퀴즈로 냈더니 다들 못 맞췄다. 산 넘고 물 건너서 자그레브에 도착했다.

플리트비체

플리트비체Plitvice는 세계 어디를 가도 볼 수 없는 독특함을 지녔다. 플리트
비체는 석회 침전물이 계곡에 쌓여 만들어진 호수를 폭포들이 연결하여 장관
을 이룬다. 16개의 호수와 90여 개의 폭포로 구성되어 있으며, 이곳에서 영화
〈아바타〉를 촬영했다. 송어가 뛰노는 호수의 맑은 물이 인상적이다. 물이 석
회층을 통과하면서 정화되어 맑아진다고 한다. 유네스코 자연유산으로 지정
되었는데 요즈음은 사람들이 너무 많이 와서 유네스코로부터 더 오염되면 자
연유산 등재가 취소될 수도 있다는 경고를 받았다고 한다.

플리트비체에 세 번 갔다. 처음엔 가족들과 갔고 두 번은 직장 동료와 갔다.
자그레브에서 2시간 거리라서 자그레브 방문객의 하루 관광 코스로 적당하

플리트비체

플리트비체 전경의 일부_사진에 보이는 것 외에도 곳곳에 폭포가 숨어 있다.

플리트비체 트래킹 코스 지도_총 7가지의 코스가 있다(좌).

선착장 표지판_플리트비체에서는 배를 타고 이동해야 하는 구간도 있(우).

폭포와 징검다리_요정이 살 것만 같다.

다. 하루 일정으로는 계곡 전체를 보기가 버거운데 세 번이나 간 덕분에 계곡의 아래쪽 반, 위쪽 반을 모두 보았다.

첫 번째 갔을 때는 가장 큰 폭포가 있고 내려다보이는 경관이 장관이어서 사람들이 가장 많이 찾는 아래쪽 3시간 코스를 돌았다. 물 색깔은 그야말로 에메랄드 색이다. 하늘과 숲이 합쳐져서 나오는 색인 것 같다. 코스를 따라 걷다 보면 호수를 가로지르는 나무다리를 건너기도 하고 호수 사이를 연결하는 크고 작은 다양한 종류의 폭포들을 볼 수도 있다. 흐르는 물소리가 시원하고 송어들이 떼 지어 움직이는 모습도 인상적이다.

두 번째 갔을 때도 아래쪽 코스를 돌았는데 계곡을 내려가면서 보았다. 폭포들을 응시면서 내려오니 감흥이 섞어섰지만 두 면 봐도 너무 멋지고 매력적이었다.

세 번째 갔을 때는 내비게이션에 경도와 위도를 잘못 찍어서 엉뚱한 곳에 도착했다. 조그만 임도를 따라 산을 하나 넘어야 플리트비체 주차장에 갈 수 있는 곳이었다. 맞은편에서 차가 나타나면 후진도 직진도 곤란한 곳이었다. 가면서 보니 아래쪽 계곡은 천 길 낭떠러지다. 혼자 가는 것도 아니고 동료 부부도 타고 있었는데 황당한 경험이었다. 그래도 플리트비체 호수를 둘러싼 산 속 깊은 숲을 구경할 수 있는 기회였다. 이번에는 위쪽 계곡을 구경했다. 위쪽 으로도 잔잔한 호수들이 있고 수많은 폭포가 흐른다. 상류라서 그런지 물이 콸콸 쏟아지는 소리가 더 크게 들린다. 홀로 걷는 기분이 호젓하고 지금 현재 를 즐기는 시간이었다. 쉬지 않고 걸으니 2시간이면 되었다.

햇볕이 뜨거울 때는 모자나 양산이 꼭 필요하다. 유럽의 태양은 한국보다 더 뜨거운 것인지 태양 아래 있으면 열이 나고 더워서 구경하는 것도 다 귀찮

맑은 물의 물고기들

아진다. 시간이 많으면 계곡 주위의 산을 하이킹하면서 계곡을 한 바퀴 쭉 돌아보는 것도 멋진 경험이 될 것 같다. 공기 맑은 숲속에서 하룻밤 자고 천천히 둘러보는 것도 괜찮을 것 같다. 오면서 보니 민박SOBE이라고 써 붙인 곳이 많이 있다. 이런 곳에서 예약하지 않고 우연한 것들을 만나는 즐거움을 느껴 보는 것도 재미있을 것 같다. 계곡의 뒤쪽으로도 호텔 등 숙소가 있는데 사람들이 적고 더 조용히 즐길 수 있는 장소일 것 같다. 8월에 처남이 오면 한 번 더 갈 예정인데 그땐 어떤 모습일까. 가을엔 낙엽이 물들어서 더 아름답다고 하는데……. 이러다 다섯 번 가게 되지 않을까 하는 생각이 든다.

(맹완영)

한 달 동안 하는 해수욕

햇살이 서서히 그 기세를 더하다 못해 옷 안에 땀이 맺히기 시작하는 6월이면 이곳의 여름이 더욱 그리울 거다. 딱히 갈 곳 없이 도심에서 그 열기를 온

주성의 크로아티아 친구
브루노와 흐르보예

전히 감내하는 한국에서라면 더더욱. 뜨거운 날씨와 뒤따르는 권태에 지치는 여름의 풍경이야 어디나 같다지만 크로아티아 사람들이 여름을 지내는 방식은 상식을 뛰어넘는다.

크로아티아 사람들은 적어도 3주 이상 여름휴가를 즐긴다. 여름 초입에 일주일, 끝날 즈음 일주일 정도 나눠서 쉬는 것도 아니다. 통 크게 한 달가량을 아예 일하지 않는다. 현지의 국영 연구기관에서 근무하고 있는 아버지도 한 달 가까이 출근하지 않는 올 스톱 기간은 처음이라며 기쁘다 못해 당황스러워하셨다. 하는 일의 종류나 직급에 상관없이 일단 여름은 즐겨야 한다는 생각이 이곳 사람들의 머릿속 깊이 각인되어 있다. 실업률이 높은 나라이긴 하지만, 여름휴가를 가는 것이 자리의 안위와 직결된다고 생각하는 고용주도 고용인도 드물다. 공장 라인에서 일하는 노동자도, 카페에서 비정규직 아르바이트를 하는 이도, 청소부도, 심지어 식당 요리사도 꽉 채워서 휴가를 다녀온다. 한국의 짧고 굵은 휴가 문화에 대해 귀띔해 주면 놀란 토끼 눈을 하고 쳐다본다. "너희들에게 여름은 그저 봄과 가을 사이에 낀 계절이니?" 요가학원에서 만난 초록 눈의 브루노는 이렇게 물었다.

지지난 주에는 그를 따라 라브Rab라는 섬에 다녀왔다. 아드리아해에 면한 선착장에서 페리를 타고 20분 정도 만(灣) 안으로 들어가야 하는 곳인데, 내륙에서 보면 해안선과 평행하여 얇고 길게 늘어선 모양이다. 마치 거대한 자벌레가 물 위에 떠 있는 것 같다. 바다 한가운데 솟은 작은 봉우리 같은 한국의 섬들과는 생성 과정이 달랐던 걸까? 선착장 앞 공터에 차를 세우고 주위를 둘러보니 배를 기다리고 있는 이들이 대부분 현지인이었다. 의아해서 물어보니 관광지로 개발된 몇몇 섬과는 달리 여전히 이곳은 크로아티아 사람들의 아지트 같은 곳이란다. '혹시 내가 이 섬에 들어가는 첫 번째 한국인은 아닐까?'

라브섬의 번화가

라브섬의 어느 해변

신기한 듯 나를 쳐다보는 그네들 틈 사이에서 터무니없는 상상을 했다.

  브루노의 조부모님이 소유하고 있다는 별장Vikendica(직역하자면 주말 집)은 해변에서 멀찍이 떨어진 작은 둔덕에 있었다. 가파른 흙길을 따라 운전해 오르다 군데군데 솟아 오른 짱돌이 보이면 속도를 줄였다. 나중에는 흙은 거의 없고 돌만 있는, 마치 공동묘지 비슷한 길이 나와 차머리를 이리저리 꺾어 넣었다. 둔덕의 정상에 다다를 즈음, 급하게 오른쪽으로 핸들을 돌리자 내 생애 최초의 별장이 비스듬히 등장했다. 나무의 속살이 다 보일 정도로 페인트가 벗겨진 작은 2층집이었다. 침대 몇 개가 무심히 놓여 있고, 계단이 놓일 공간이 없어 사다리로 층과 층 사이를 오르내려야 했다. 흔히 '별장' 하면 떠올리는 하얀 저택은 대중매체가 만든 허상이라는 것을 깨달았다. 가지고 있지 않기에 오히려 머릿속에서만 더 근사히 그리는 것들이 알게 모르게 참 많다. 개똥철학에 빠진 한국인을 뒤로하고, 벌써 6년째 이곳에 오는 나머지 4명의 크로아

라브섬의 동쪽_나무가 우거진 서쪽과 달리 동쪽은 바위가 앙상하게 드러나 있다.

맹씨 가족의 **크로아티아** 365일

브루노 조부모님의 별장

티아 사내들은 빨리 바다에 가자며 마냥 신나 있었다.

드디어 바다에 갔다. 이곳 친구들은 어릴 때부터 여름이면 섬이나 바닷가 마을에서 한 달간 수영을 하며 쉰다. '제대로 바다를 즐기는 법을 배워 봐야지.' '북적이는 백사장에서 우물쭈물하는 한국과는 뭔가 다를 거야.' 비장하게 수영복을 챙겨 입었다. 우리가 갈 바닷가는 브루노 친구의 개인 해변이라고 했다. 개인 해변까지 가지고 있다니 엄청난 부자냐고 되물으니, 차도 없는 사람이라고 했다. '뭐지?'

차로 10분 정도 달렸을까. 좁은 공터에 차를 세우고 작은 숲의 안쪽으로 걸어 들어가자 바다와 맞닿아 있는 깎아지른 절벽이 나왔다. 그 절벽 언저리에 아슬아슬하게 통나무집이 한 채 서 있고, 해변으로 내려가는 긴 나무 계단이 집 옆으로 걸쳐져 있다. 평생 이발하지 않은 듯 긴 머리를 그대로 말아올려 머리 위에 꽈리를 틀어 놓고, 옷이라고는 삼각팬티만 입은 남자가 마중을 나왔다. 가문 대대로 개인 해변을 빌려주며 먹고산다고 했다. 저축도 하지 않고 바다 옆에서 빌어먹는 신적 같았다. '개인 해변이 있다고 무소선 부사는 아니구

브루노가 데려간 개인 해변

나…….'

주인이 내온 라키야(크로아티아식 증류주)를 한 잔씩 마시고 절벽 밑 해변으로 내려갔다. 모래가 있어야 할 자리에 엄지손가락만 한 자갈들이 깔려 있었다. 흔히 아는 백사장이 아닌 자갈 해변이었다. 크로아티아 해변의 대다수는 이런 식이다. 자갈은 물을 흐리지 않으니까. 그래서 이곳의 바다는 파란 물감을 풀어 놓은 것처럼 짙은 걸까?

바다에서는 6시간을 놀았는데 그중 3시간은 잠을 잤다. 앞으로 3주간 이곳에 있을 것이기에 애들은 딱히 무언가를 해야 한다는 목표의식이 없다. 잠깐 물에 몸을 담갔다가 뭍에 나와 한 시간을 자고 멍하니 바다를 보며 친구한테 전화를 했다가 또 잔다. 무언가 신나는 것을 하고 일부러 소리 질러야 할 것

생선을 굽기 위해 화덕에 불을 지피는 브루노

화이트와인에 탄산수를 탄 가벼운 음료는 이곳 사람들의 필수 바캉스 음료다(상).
직접 해 먹은 야채구이와 정어리구이_지천에 널린 것이 허브라 마당에서 딴 월계수, 파슬리 등을 흩뿌렸다(하).

같은 것이 부산 해운대의 분위기라면, 여기에선 아무 생각 없이 가만히 있는 것이야말로 모범 답안이다. 눕고 자고 수영하고 또 먹고……. 어차피 내일도 내일모레도 여기 올 테니 그저 지나는 시간을 음미하자, 이런 식이다. 뭔가 정신적으로 우월해서 바다를 대하는 태도가 다른 것이 아니라, 한 달을 바다에서 보내야 하니 자연히 무념무상 상태가 된다.

　하루 종일 바다에서 놀다 밤에 집에 왔는데, 농담이 아니라 하나도 피곤하지가 않았다. 놀고 온 것이 아니라 쉬다 왔으니 그럴 법했다. 힘이 남아돌아 한참을 술을 마시며 떠들었다. 한국에서의 휴가가 고된 노동의 보상이라면, 이곳의 휴가는 삶의 연장이라는 인상을 받았다. 짧고 굵은 것과 얇고 긴 것이라고 하면 투박하지만 얼추 맞는 비유이려나. 아무래도 인생은 짧고 굵은 것도 괜찮을 것 같으나, 휴가는 얇고 긴 것이 좋은 것 같다.

(맹주성)

네안데르탈인

무척 뜨거운 8월의 어느 날이었다. 종일 시간이 있어 무엇을 할까 궁리하다가 근방에 네안데르탈인의 뼈가 발견되었다는 크라피나^{Krapina}에 가 보기로 했다. 지난번에 대사님도 가 보니 볼만했다고 하셨고, 돈치도 네안데르탈인에 대해 뭐라 한참 설명해 주어서 관심 있던 차에 방문해 보기로 한 것이다. 크라피나는 자그레브에서 북쪽으로 50여 분 거리에 있다. 자그레브에서 크라피나로 가는 길에 보이는 푸르른 구릉 위에 붉은 집들이 모여 있는 크로아티

네안데르탈인 모형_13만 년 전부터 크로아티아에 사람이 살았다니….

아 시골은 아름답고 평화로웠다.

크라피나에 도착하니 새로 지어진 박물관이 있다. 단체 관광 온 크로아티아 사람들도 보였다. 표를 사서 들어가니 바로 원시인의 생활상에 대한 영화를 보여 주었다(난 졸았다. 이것을 봤어야 이해가 쉬웠을 텐데). 박물관에는 200만 년 전에 서서 걷기 시작한 호모에렉투스로부터 네안데르탈인, 호모사피엔스로 진화하는 인간의 역사를 멀티미디어로 다양하게 보여 주는 전시물이 가득했다. 박물관을 나와서는 13만 년 전에 살았던 70명의 네안데르탈인의 유골이 발견된 돌 언덕 아래의 작은 동굴도 구경했다. 네안데르탈인은 유럽 곳곳에서 발견되었지만, 이곳에 많은 수의 다양한 화석이 잘 보존되어 있어 학문적 가치가 많다고 한다. 이런 것들을 보고 '인간이 이렇게 진화해 온 모양이구나' 하고 모호하게 받아들이고는 관심을 잊고 있었다.

이스트라 여행을 가는 중 차에서 아내가 네안데르탈인에 대한 다음과 같은 얘기를 해 주어서 관심이 되살아났다. 유럽 사람들은 네안데르탈인 같다고 하면 싫어한다고 한다. 그들이 식인종이라는 설 때문이다. 20세기 초 크라피나에서 발견된 네안데르탈인 화석엔 부서진 조각들이 많이 있었고 뼈 곳곳에 칼자국이 나 있었다고 한다. 인류학자들은 이것을 식인 풍습의 흔적이라 해석해서 유럽에 이러한 설이 널리 퍼졌다. 그러나 최근 연구에서는 뼈에 존재하는 칼자국이 뼈의 마디에 집중되어 있는 이차장(二次葬) 풍습으로, 뼈의 가운데 부분에 칼을 대는 식인 풍습과는 다르다는 설도 있다.

네안데르탈인은 근육의 힘이 굉장하여 여자 네안데르탈인과 현생 인류의 팔씨름 챔피언이 대결하면 챔피언의 뼈가 부러지면서 패배하는 컴퓨터 시뮬레이션 결과도 있다고 한다. 또한 뇌의 용량도 인류가 1400cc인 데 반해 네안데르탈인은 1600cc에 이른다고 한다. 과연 현생 인류인 호모사피엔스는 어떻게 네안데르탈인과 경쟁해 살아남아 진화해 온 것일까? 호모사피엔스는 집단의 사회를 형성할 수 있었기 때문이라 한다. 개별 가족 단위의 생활을 한 네안데르탈인은 가족 외의 모두를 적으로 간주해서 생존 경쟁에 뒤처졌다는 것이다. 물론 현생 인류의 유전자 안에는 네안데르탈인의 유전자가 4% 정도 존재하여 서로 전혀 별개의 종은 아니라고 한다.

사실 이런 이야기들은 너무 먼 과거의 이야기로 전문가가 아니면 어디까지가 사실인지 믿기 힘든 것들이다. 그러나 이런 생각도 든다. 손으로 만질 수 있는 것들만 확실한 사실인가? 저 하늘에 별들과 지상의 원자들도 모두 만질 수도 볼 수도 없는 것들 아닌가. 네안데르탈인에 대해 검색하면서, 오직 생존만을 생각했던 원시인으로부터 스스로의 역사를 탐구하는 현생 인류까지 인간 진화의 과정이 꽤 흥미로워졌다. 인간 진화의 역사에 관심이 있다면 크라피나를 한번 방문해 보기 바란다.

(맹완영)

메드베드니차 등산

오늘은 4월 15일이다. 봄이다. 지금은 오후 1시 48분이다. 메드베드니차 Medvednica 산에 올라가려고 주차했다. 라그비치 Lagvic 레스토랑에 사람들이 시끄럽다. 햇볕이 뜨겁다. 마치 여름 같다. 나는 저 푸른 숲속으로 들어가고 있다. 오늘 몸 컨디션 좋지 않고 약간 무기력해진 느낌이라 운동하려고 나온 것이다. 아! 새소리가 쩍쩍, 쩍쩍 들리고 노란 민들레꽃이 길가에서 귀엽게 마중하고 있다. 등산로 입구에는 벌써 내려오는 차들도 있다. 하늘도 파랗다. 즐거

등산 풍경_ 왠지 한국의 산보다 더 묘한 분위기가 있는 것 같은 기분은 뭘까.

운 등산이다.

메드베드니차는 곰 산bear mountain이란 뜻이다. 자그레브 사람들에게는 메드베드니차산은 자연의 선물이다. 지난겨울에 눈이 왔을 때 본 풍경과는 사뭇 다른 느낌이다. 지금은 너무 푸르게 반짝거린다.

등산로 입구로 들어서니 평평한 길에 그늘이 나온다. 나무들의 키도 무척 높다. 고개를 들어 하늘을 쳐다봐야 나무의 끝이 보인다. 이제 막 나오려는 나무들의 푸른 잎들이 정말 아름답다. 이런 느낌들은 사진에 잘 안 나오겠지. 금요일 오후라 등산로엔 사람들이 그리 많지 않다. 주차하기도 힘들지 않고 이 시간이 등산하기에 가장 좋은 시간대인 것 같다. 나무들 이름이 궁금하다. 느릅나무, 참나무 들 같다.

바람이 심하다. 저 산등성이에 나뭇잎들의 푸른 물결이 일렁인다. 마치 카드섹션하듯이 한 쪽으로 몰렸다가 또 다른 쪽으로 확 몰려가는 그림이다. 햇빛을 받은 푸른 잎들을 유심히 들여다봤다. '네가 이런 모습일 줄은 몰랐다.' 놀랍게 투명하다. 그동안 비가 와서 그런지 계곡으로 물이 꽤 많이 흐른다. 물소리가 시원하다.

정상 쪽으로 높이 올라갈수록 하늘로 솟은 송신탑이 언뜻 보인다. 이파리가 다 떨어진 침엽수들도 많이 보인다. 정상에선 아직 이파리들의 푸른빛이 약하다. 아직은 잎이 덜 자란 느릅나무들이 많이 보인다. 아무래도 산이 높아서 나뭇잎들이 충분히 자라지 않았다. 아직 여기는 초봄인 것 같다. 정상 부근의 등산로는 완전 지그재그라 조금 올라가는 데 시간이 무척 많이 걸리고 체력도 엄청 소모된다. 점점 열에 받친다. 등산로 표시가 잘 되어 있지 않아 어디로 가야 될지도 몰라 답답하다.

정상에 올라오니 160m 높이의 거대한 송신탑이 있다. 맥주와 커피를 파는

산중 마을_우리나라 시골과는 분위기가 많이 다르다.

카페가 있어 야외 테이블에서 주위를 조망을 하며 마실 수 있다. 테이블에 앉아 맥주 한 잔을 시켰다. 바람이 시원하다. 햇빛 아래 있는데도 선선한 느낌으로 시원하다. 초원이 보이고 멀리 산과 평지가 보인다. 저 아래 조그만 집들이 오밀조밀 모여 있는 마을이 귀엽고 정겹다. 점점이 박힌 빨간 지붕들 뒤로 계곡이 보인다. 푸른 나무들 사이로 보이는 검은 계곡이 햇빛에 비쳐서 파래진다. 하얀 구름이 평평하게 떠 있고 그 뒤로 파란 하늘이 펼쳐져 있다. 새털구름이 하늘을 뒤덮고 있다. 조물주가 일필휘지로 하늘에 선을 그어 놓은 것 같다. 올라오느라고 고생했는데 보람이 있다.

정상에는 스키 렌탈숍들도 있다. 여기가 슬레메Sljeme인가 보다. 말로만 들던 슬레메 스키 코스다. 리프트도 있고 선수들 사진도 걸려 있다. 차가 다니는 이 도로들이 겨울에는 스키 코스가 되는가 보다. 가장 길게 약 1km 정도 되는 코스가 있는 듯하다. 겨울에 스키 한번 타면 재미있을 것 같다.

정상에서 조금 내려오니 자그레브 시내를 한눈에 내려다볼 수 있는 장소가 있다. 메드베드그라드Medvedgrad 요새도 저 아래 보인다. 1시간은 가야 도달할 수 있을 듯하다. 오늘의 주제는 '푸름'인 것 같다. 이곳에서는 자그레브 시내를 한눈에 내려다보면서 초록의 향연을 볼 수 있다. 느릅나무 작은 잎들을 투과하는 햇빛에 비친 초록의 반짝임을 감상하니 이보다 더 아름다운 것이 있을까 싶다.

조금 더 내려오니 성당 같은 조그만 건물이 언덕에 있어서 그쪽 길로 가 봤다. 문 앞에는 수도사인지 신부인지 모르겠지만 사진이 붙어 있다. 성당엔 아무도 없는 거 같다. 성당으로 들어서는 오솔길에 있는 참나무가 멋있어서 사진을 찍었다. 어느 쪽으로 내려갈까 생각하다가 성당 뒤쪽으로 작은 길이 있어 좀 불확실했지만 그쪽으로 내려가기로 했다. 내려가는 길에 뿌리째 뽑힌

등산 풍경_언덕 위 조그만 성당

나무들이 수없이 누워 있다. 엄청나게 큰 나무들이다. 이게 어떻게 된 일일까. 사람이 쓰러뜨린 것일까. 아니면 자연적으로 쓰러진 것일까. 궁금하기도 하지만 내려가는 길이 불확실해 불안해하면서 한 20분 내려가니 도로가 보였다. 다행이다. 안심이 된다. 내려오는 길에 경사가 심해서 가볍게 두 번 정도 넘어졌다. 외국 나와서 다치면 안 되니까 조심해야 되겠다.

거의 다 내려와서 커피 마시려고 나무로 된 다리가 있는 산장카페에 들어갔다. 주인아주머니가 누군가에게 경계의 문자를 보내는 것 같다. 어떤 남자가 나오더니 커피를 주문하라고 한다. '내가 남루해 보이나. 나는 거지가 아닙니다.' 어쨌든 크림 커피를 시켜서 쉬면서 한잔 마셨다. 카페를 나와 보니 자전거를 타는 사람들이 유난히 많다. 올라갈 때는 낑낑거리면서 겨우겨우 힘들게 올라가는 모습을 봤는데, 지금 내려가는 사람들을 보니 너무나 신나게 달린다. 전속력으로 쾌감을 느끼면서 푸름 자체의 숲속으로 달려 들어가는 모습이 멋있다.

6시 18분이다. 이제 한 30분 정도 내려가면 주차장에 도착할 수 있을 것 같다. 오르고 내려오면서 약 5시간 걸려서 힘들다. 그러나 충분히 보상이 되는 시간이었다. 푸른 잎의 반짝임, 초록의 향연, 초록의 축제였다. 무엇으로 이보다 더 값진 시간을 보낼 수가 있을까.

(맹완영)

박물관의 날

크로아티아에는 1월 말쯤에 박물관의 날이 있다. 하루 종일 모든 박물관이 무료다. 연구소 동료인 돈치가 알려 줬다. 나도 구경 가기로 했다. 집에서 저녁을 먹은 후 집사람과 함께 박물관 구경에 나섰다. 자그레브의 박물관들은 도심 한가운데 옹기종기 모여 있다. 걸어서 한 바퀴 순회하면서 쭉 구경할 수 있어 아주 좋다.

이날은 대부분의 박물관 앞에 입장하려는 사람들이 줄지어 늘어서 있다. 제일 먼저 1884년 스트로스마이어 주교가 기증한 컬렉션이 전시된 스트로스마이어 미술관Strossmayer Gallery of Old Masters에 갔다. 이곳에는 14~19세기 유럽 화가들의 그림이 전시되어 있다. 미술관은 중앙에 큰 홀이 있고 그 홀의 4면에 전시장이 있는 멋있는 건물이다. 틴토레토, 브뤼헐 등의 그림을 관람했다. 이 건물에 있는 크로아티아 과학·예술원Croatian Academy of Sciences and Arts 도서관의 기념관에는 크로아티아 출신으로 노벨상을 받은 블라디미르 프렐로그 Vladimir Prelog 박사의 사진과 유기 화합물 모형도 전시되어 있어 둘러보았다. 프렐로그 박사는 유기 물질을 입체적으로 분석하는 입체 화학Stereochemistry의 선구자다.

자그레브 현대미술관Modern Gallery도 구경했다. 이 미술관에는 19세기 이후 근현대 예술 작품이 주로 전시되어 있는데, 블라호 부코바츠Vlaho Bukovac 등 크로아티아 작가들의 작품이 많이 전시되어 있다. 부코바치가 이슬람과 기독교 세계를 대비시키는 주제로 그린 그림은 한쪽 벽면을 모두 차지할 정도로 컸다. 마침 크로아티아 미술 학도들이 나와 열심히 작품 설명을 해 주어서 재미있게 구경했다. 어떤 방에 들어가니 일기용 노트를 나눠 줬다. 노트가 한 손에 잡히고 맘에 들어 이 노트에 2016년의 일기를 쓰기로 했다.

고고학박물관archaeological museum 앞에는 가장 긴 줄이 늘어서 있다. 이 박물관에는 이집트의 고대 유물들이 전시되어 있다. 가장 유명한 것은 리넨으로

싼 이집트 미라다. 미라를 싼 리넨에는 에트루리아 문명의 언어가 쓰여 있으며, '자그레브 리넨 북Linen Book of Zagreb'이라 불린다고 한다. 에트루리아 언어로 작성된 것으로는 가장 오래된 문서로, 고대 문명 연구를 위한 희귀한 유물이라 한다. 왜 이집트 미라가 이탈리아 문명의 언어로 쓰인 리넨에 싸여 있는지 아직까지도 미스터리라고 한다. 돈치의 딸이 어릴 적에 이 박물관에 구경을 왔는데, 미라가 조금씩 움직이는 것 같다고 하면서 그 방에 들어가지 못하고 문 앞에서 고개만 내밀고 방 안을 기웃거려서 사람들이 웃고 재미있어했다고 한다. 나도 과연 미라가 움직이나 유심히 관찰해 봤다.

구경을 하고 나오니 박물관 뒤뜰에 장수들이 와서 차도 팔고 간단한 음식도 판다. 배도 출출하고 해서 과자와 차 한 잔을 마셨다. 좀 추운 날씨지만 나와서 구경하길 잘했다는 생각이 든다. 박물관을 나오니 거리를 밝힌 흰색 작은 등들이 거미줄처럼 연결되어 휘황한 게 멋있다. 검은 밤하늘에 눈송이 같은 전등 아래를 달리는 파란 트램이 무척 낭만적으로 느껴진다.

자그레브엔 많은 종류의 박물관이 도심에 모여 있어, 하루에도 여러 곳을 둘러볼 수 있다. 시킨 박물관도 있고, 이느 수학자가 애인에게 주었다가 실연

밤을 가르는 트램 17번_ 자그레브에는 총 15개의 트램 노선이 있다.

당했다는 수학공식이 전시된 실연 박물관, 음악 공연이 자주 열리고 사실 여부는 확실하지 않지만 위작이 많이 있다는 미마라 박물관Mimara Museum, 유리판의 뒷면에 그려진 그림을 전시하는 나이브 아트 박물관이라는 것도 있어 둘러보면 재미있다.

크로아티아의 박물관들은 독일이나 오스트리아의 거대한 미술관처럼 위압적인 느낌을 주진 않지만, 오랜 시간에 걸쳐 보존된 다양한 유물들을 전시하고 있어 훌륭하고 가치 있다. 오래된 것을 절대 버리지 않고 어떻게든 수리해서 사용하는 국민성이 이러한 국가의 보물들을 보존할 수 있게 한 원동력이 아닐까 생각한다. 즉, 역사 이래로 주변 강대국 세력의 전쟁터였던 이 지역에 이렇게 많은 건물과 유적이 잘 보존되어 있는 것은 이것들을 지키려는 자그레

맹씨 가족의 **크로아티아** 365일

브 시민들의 마음이 모아졌기 때문이다.

한국도 이런 '박물관의 날'이 있으면 좋겠다. 한국의 박물관들은 여기저기 흩어져 있어서 한두 군데밖에 갈 수 없을지 모르지만, 이런 날을 계기로 우리도 역사와 유물을 소중히 여기는 마음이 자라나지 않을까. 루브르 박물관과 오르세 미술관을 보고 모든 유럽 예술을 모두 보았다 생각하지 말자. 크로아티아에는 크로아티아의 미술과 유물이 있다.

(맹완영)

실연 박물관

당신은 누군가와 이별해 본 적이 있는가? 그 이별은 사랑하는 연인과의 이별일 수도 있고, 소중한 사람과의 사별일 수도 있다. 이별의 종류가 어떻든 간에, 그리고 그 이별이 아름다웠든 나빴든 간에, 이별을 경험해 보았다면 당신의 주변에는 분명히 그 사람을 생각나게 하는 물건이 있을 것이다. 그 사람이 자주 입던 후드 티, 그 사람이 선물해 준 엉뚱한 선물, 혹은 그 사람이 종이를 꾹꾹 눌러 가며 정성 들여 쓴 편지 등이 바로 그것이다.

우연찮게 들어간 실연 박물관Museum of Broken Relationships에서는 바로 그런 것들을 전시하고 있었다. 이 박물관은 나쁜 기억이 담겨 있는 물건에서부터 서로 사랑하는 연인들의 정성이 담긴 편지까지 이별을 보여 주는 다양한 물건들을 전시하고 있었다. 그중 가장 기억에 남은 것은 한 수학자와 1년간 사귀었던 여자가 기증한 물건이다.

당사자에게는 너무나도 서운하고 슬픈 얘기이겠지만, 읽는 나로서는 너무

실연 박물관 입구

실연 박물관의 소장품들_얼
핏 하나도 통일성이 없어 보
이지만 각자의 이야기를 담고
있다.

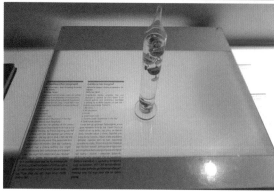

**과학자 남자 친구가 준 생일
선물**_정체불명이다. 여자 친
구는 생일 선물로 이걸 받고
결별을 결심했다고 한다.

그이와 나는 1년간 서로 사랑했어요. 물론 사귀면서 그이가 너무 수학에만 몰두해서 서운했던 적이 있지만, 그래도 항상 따뜻하게 대해 주던 사람이었기에 우리는 사랑을 이어 나갔죠. 그렇게 1년째 되는 날, 우리는 1주년을 기념하기 위해 어느 근사한 레스토랑에서 저녁 식사를 하기로 했어요. 또한 저는 그이가 사고 싶어 했던 시계도 선물로 준비하고 있었죠. 그런데 약속 시간이 1시간이 지나도록 그이는 나타나지 않았어요. 제가 기다리다 지쳐 막 자리를 뜰 무렵에, 그이가 씻지도 않은 꾀죄죄한 얼굴에 집에서 자다 나온 옷차림으로 뛰어오는 게 아니겠어요. 너무 화가 나고 서운했지만 그래도 1주년이니까 기분을 망치고 싶지 않아서 밥을 먹기 시작했는데, 선물 교환 시간이 되자 갑자기 표정이 굳어진 그이가 주머니에서 수학 공식을 증명해 놓은 꾸깃꾸깃한 종이를 선물로 건네는 게 아니겠어요. 너무나 서운하고 화가 나서 우리는 그 뒤로 헤어졌고 전 이 종이를 더 이상 집에 간직하고 싶지 않기에 여기에 기증합니다.

재미있었다. 1주년 선물로 꾸깃꾸깃한 종이에 적힌 수학 공식이라니, 내가 여자였어도 분명 헤어지자고 말했을 것이다. 이처럼 다양한 이별 스토리를 담고 있는 물건들이 많은 실연 박물관에는 또 하나의 매력 포인트가 있다. 바로 나쁜 기억 지우개Bad Memory Eraser이다. 박물관 측에서 주력 상품으로 밀고 있는 기념품 중 하나인데, 이 지우개를 사면 내 기억 속에 저장되어 있는 나쁜 기억들을 지울 수 있을 것 같은 느낌이 든다. 실제로 이 지우개의 아이디어에 착안하여 텔레비전에서 예능 프로그램을 만들기도 했다.

실연 박물관은 크로아티아 사그레브에서 1년 사는 동안, 개인적으로 봐 왔

나쁜 기억 지우개_결별이 꼭 나쁜 기억일까.

던 박물관 중 가장 특이한 박물관이 아닌가 싶다. 당신이 어떤 이별을 품에 안고 있는 사람이든지 간에, 크로아티아를 여행하는 동안 이 박물관에 들러 다양한 사람들의 다양한 이별을 간접적으로 체험해 보길 바란다. 분명 몸과 마음이 따뜻해지는 순간일 것이다.

(맹주형)

유럽에서 운전하기

이 글은 유럽에서 1년 정도 자동차를 운전하면서 느낀 점을 정리한 것이다. 이탈리아 밀라노에서 차를 픽업하여 자그레브로 오는 여정, 자그레브 시내 운전, 자그레브-오스트리아-슬로바키아 및 루마니아, 불가리아 등의 동유럽과 독일, 네덜란드 등의 서유럽을 여행하면서 느낀 것이다. 일반적인 경험이 아닐 수도 있지만 유럽을 처음 여행하는 사람들이 참고할 수 있도록 정리해 본다. 유럽 사람들이 문화수준이 높아서 운전도 점잖게 한다고 생각하면 오해다. 1989년도에 면허를 따서 한국서 25년 이상 운전한 경력자로서 말하자면, 유럽에서 운전하는 것은 어렵다. 생각보다 쉽지 않다.

유럽 사람은 적어도 운전에서만은 얌전하지 않다. 거칠다. 일단, 속도 제한이 130km라서 한국 고속도로의 제한속도와 다르다. 그러나 외국인에게는 도로가 낯설고, 교통 위반에 걸리거나 사고가 나면 문제가 커지니 보수적이 될

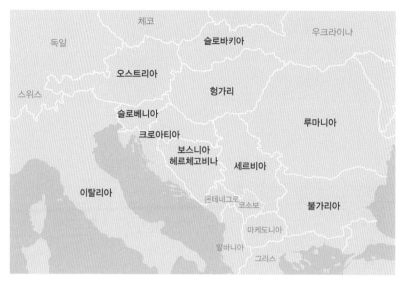

우리가 여행했던 크로아티아 주변 국가들

수밖에 없어 함부로 달리지 못하게 된다. 고속도로에서 조금만 늦게 가면 신경질적인 반응이 뒤차로부터 바로 느껴진다. 추월하겠다고 달려드는 차도 있고, 내 차 바로 뒤로 따라붙는 자들도 있다.

처음 차를 픽업해서 밀라노에서 자그레브로 갔는데 운전이 쉽지 않았다. 특히 이탈리아 고속도로의 경우에는 차들이 깜빡이를 넣지 않는다. 그냥 옆으로 쏙쏙 들어와서 깜짝 놀란다. 그리고 미꾸라지처럼 요리조리 빠져나가는 차들도 많이 있다. 한국과 별반 다를 것이 없다. 물론 규정을 잘 지키는 사람들도 있지만, 규정을 잘 지키지 않는 사람들도 아주 많이 있다.

크로아티아 자그레브 시내에서 운전하는 것도 어렵다. 자그레브 사람들의 운전 습관이 한국 사람과 상당히 다른 것 같고, 심지어는 엄청나게 과격한 느낌을 주면서 운전하는 자들도 많이 있다. 골목길에서도 왜 그리 빨리 다니는

광활한 유럽 대륙_고속도로를 달려도 산이 보이지 않다니….

지. 자그레브에서는 일반도로의 제한 속도가 40km인 곳이 많은데, 규정 속도보다 약간 높은 45km 정도로 가면, 뒤에서 못 참고 급발진하면서 추월해 가는 차량이 많다. 무척 성질 급한 녀석들이다. 그런 황당한 경우를 몇 번 당했다. 외국인으로서 경찰에 걸려 딱지를 받으면 곤란해 되도록 규정을 지키려고 하는 이방인의 심정을 그들은 알까. 왜 이리 성질이 급한 것일까. 마음속에 무슨 화가 이리 큰가. 사회주의 영향이 아직도 남아 있는 것일까.

운전 환경에 익숙하지 않은 점도 운전을 어렵게 한다. 신호체계를 충분히 파악해야 한다. 비보호 좌회전 신호, 우회전 신호 등을 숙지해야 한다. 푸른 신호가 떨어지면 직진차를 경계하면서 좌회전해야 한다. 그냥 정지해 있으면 경적

유럽 도로번호(Europe motorway number)

유럽에는 각 나라마다 고유의 도로번호가 있다. 그러나 편의를 위해 각 국의 도로번호 표시체계와는 별도로 유럽경제위원회(United Nations Economic Comission for Europe)에서 유럽대륙의 도로를 바둑판처럼 쪼개서 번호를 매겼다. 물론 바둑판처럼 쪼개지지 않는다. 개념상 그렇다.

– 서쪽에서 동쪽으로 가는 주요 도로는 두 자리 짝수로 E10(가장 북쪽 도로)에서부터 E90(가장 남쪽 도로)의 순으로 매겨져 있다.
– 북쪽에서 남쪽으로 내려오는 길은 두 자리 홀수로 E05(가장 서쪽 도로)에서부터 E125(가장 동쪽 도로)의 순으로 매겨져 있다.
– E(3자리 숫자: XYZ) 도로번호도 있다. 의미는 동서방향도로 E(X)와 E(X+1), 남북방향 도로 E(Y)와 E(Y+1) 사이의 도로라는 의미이다.

유럽 도로번호의 예로 E40 도로는 무척 길다. 미국에서 길다고 하는 Route 66(2400 miles)보다 훨씬 길다. E40은 8500km(5312miles)로 프랑스 칼레(Calais)에서 중국 접경까지 뻗어 있어 벨기에, 독일, 폴란드, 우크라이나, 러시아, 우즈베키스탄, 투르크메니스탄 및 카자흐스탄을 지난다. 이상의 도로 명명 규칙을 알고 유럽에서 운전한다면 더 쉽게 도로번호에 익숙해지리라 생각한다.

이 바로 울린다. 겁나는 일이지만 외국 도로에 익숙하지 않은 외국인은 일방통행 도로 표지판이 눈에 잘 안 들어오고, 중앙선이 불분명해 좌회전해 가다 보면 어느새 역주행 코스로 들어가는 경우가 가끔 있다. 그런 경우를 몇 번 겪었다. 한적한 도로여서 큰 문제는 없었지만 항상 주의해야 할 일이다. 주차 문제도 있다. 미리 큰 주차장을 파악하는 것이 좋다. 도심에서는 주차할 수 있는 영역 및 제한 시간 등을 숙지해야 한다. 내비게이션을 이용할 때는 도로 주소로는 길을 찾기가 쉽지 않아 경도, 위도를 넣어야 입력이 되는 경우도 있다. 통행료 대신 비넷이 필요한 나라를 파악해 국경 진입 시 비넷을 구입해야 한다. 국경 통과 시에는 여권을 제시할 경우도 있으므로 미리 준비할 필요가 있다.

(맹완영)

유럽에서 국경 통과하기

유럽에서 자동차로 여행하려면 국경 통과는 필수다. 자그레브에 살면서 여러 국경을 통과한 경험이 있다. 북쪽으로 여행하면서 슬로베니아, 오스트리아, 슬로바키아, 남쪽으로 보스니아, 동쪽으로 세르비아, 헝가리, 불가리아, 루마니아 등의 국경을 통과했다. 당연한 것이지만 국경을 통과하려면 출입국 승인을 받아야 한다. 기본적으로 여권과 자동차 관련 서류(자동차 등록증)가 필요하다.

보스니아 국경 통과

차로 두브로브니크에 가려면 보스니아 국경을 통과해야 한다. 두브로브니크는 베네치아 시절에 오스만 튀르크 세력의 해상 접근을 위해 양도한 땅으로 현재는 보스니아 영토를 지나야 한다. 크로아티아 국내를 여행하는데도 어쩔 수 없이 국경 통과 절차를 밟아야 하는 것이다. 그다지 까다롭지는 않았던 것 같은데 어쨌든 두브로브니크를 갈 때는 여권을 꼭 챙겨야 한다.

슬로베니아 국경 통과

자그레브에서 중앙유럽으로 가려면 슬로베니아 국경을 필수적으로 통과해야 한다. 아마 가장 많이 국경 통과 절차를 밟은 나라 같다. 슬로베니아 국경을 통과 할 때 한번 해프닝이 있었다. 크로아티아 출국 도장을 받고, 슬로베니아 부스에는 사람이 없어 그냥 슬슬 슬로베니아로 진입했다. 고속도로를 한 20여 분 달리는데 뒤에서 경찰차가 불빛을 반짝이며 따라온다. 속도를 내지 않아서 나하고는 전혀 상관없는 것으로 생각했는데 점점 가까이 오더니 나한테 정지하라 한다. 경찰이 신경질적인 얼굴로 나에게 따라 오라고 한다. 깜짝 놀랐다. 급속으로 유턴해서 국경 사무소로 되돌아갔다. 입국 승인 도장을 받지 않고 그냥 가 버린 것이다. 우리는 벌금을 내거나 어떤 다른 문제가 생기는 것은 아닐까 걱정하면서 기다렸는데 경찰관이 또다시 짜증스런 얼굴로 여권을 던져 주면서 가라고 한다. 어쨌든 아무 탈 없이 여권을 다시 받아서 다행이다. 상황 파악이 제대로 되지 않은 상태에서 도장을 받아 다시 출발했다. 보통은 크로아티아 출국 심사관이 받아서 도장을 찍고 슬로베니아 입국 심사관에게 건네주는데 어찌된 영문인지 이 절차가 제대로 안 된 것이다. 다음에 보니 크로아티아 심사관이 바로 슬로베니아 심사관한테 여권을 건네준다.

난민 문제

테러와 난민 문제가 불거질수록 국경 통과가 어려워진다. 올해(2016년)만 해도 지중해에 떠 있던 난민 25000여 명이 숨졌다. 참 안타까운 일이다. 난민은 시리아뿐만 아니라, 북아프리카, 아프가니스탄 등지에서도 온다. 난민들이 부자 나라인 중앙유럽 쪽으로 이동하려고 하기 때문에, 난민이 경유할 가능성 있는 국가에서는 이들을 철저히 통제하고자 한다. 세르비아에서 헝가리로 국경을 통과할 때는(5월), 탑승자 전원의 얼굴을 일일이 확인하고 자동차의 트렁크까지 열어서 조사해 휴가철이 아닌데도 약 2시간여 소요된 적이 있다.

국경 근처로 가니 차들이 쭉 줄지어 서 있다. 차들이 움직이지 않으니까 나와서 노는 사람, 화장실 가는 사람, 차를 슬슬 밀고 가는 청년들도 보인다. 국경 통과 검사가 굉장히 삼엄했다. 브로커들이 시리아 난민들을 몰래 헝가리로 이동시킨다는 말도 있다. 트렁크도 하나하나 조사하고, 차량과 짐 검사를 따로 한다. 5월에 헝가리에서 크로아티아로 들어올 때는 어떤 뚱보 아줌마 경찰이 출국 심사를 했다. 무척 까다롭다. 우리 이름을 오만한 표정으로 부르면서 확인한다. 엄청 잘난 척 한다. 자격지심인지 모르지만 헝가리의 동양인에 대한 인종차별 느낌도 있었다. 상당히 고압적인 친구들이었다. 거우거우 통과해서 헝가리 국경에 대한 기억이 별로이다.

오스트리아 국경: 셰겐 조약 가입국 사이

슬로베니아-오스트리아-슬로바키아 국경을 통과했는데 통과 심사가 없었다. 셰겐 조약 가입국 사이에는 국경 통과 심사가 없는 모양이다. 유럽에서 EU 회원국 사이에 자유로운 이동을 보장하는 이 조약으로 아무런 제약 없이 나라 사이를 다녔다. 요즈음 난민과 테러 문제로 이 조약을 수정하여 회원국 사이에도 출입국을 강화해야 한다는 목소리가 나오고 있다.

동유럽 국가 통과

휴가철에는 국경 통과가 정말 어렵다. 7월 중순에 크로아티아-세르비아-불가리아-루마니아 여행을 했다. 7월 19일(토요일) 출발해서 크로아티아-세르비아 국경을 지날 때는 정말 차들이 많아서 오랜 시간 지체되었다. 양쪽 국가에서 10개 정도의 창구를 열어 수속을 하는데도 2시간 정도 걸렸다. 휴가철이라 그런지 지난번 5월에 국경을 통과할 때와는 풍경이 다르다. 처음에는 단순히 교통체증 때문에 밀리는 줄 알았는데 나중에 보니 출입국 수속 때문이었다. 엄청나게 많은 차들이 출국하려 기다리고 있었다. 세르비아로 휴가를 가는 차들인가. 도대체 이 많은 차들은 어디로 가는가.

세르비아에서 불가리아로 넘어가는 국경은 산속에 있다. 불가리아는 국토의 50%가 산이라고 한다. 그래서 국경도 산속에 있는 모양이다. 불가리아 온천지를 찾아가기 위해서 내비게이션을 따라가다 보니 국경에 도달했다. 크로아티아-세르비아 국경만큼은 아니지만 여기도 엄청 붐빈다. 장사치들이 와서 물건을 사라고 하기도 하고 길이 아수라장으로 엉켜 있어서 어디로 가야 될지도 모른다. 운전하고 있던 차선을 계속 따라가면 심사 창구가 없어서 끼어들려 하니 어떤 털보 외국인이 끼어 주지 않는다. 냉담하다. 간신히 국경을 통과했더니 이번엔 심사관이 불손하다. 돼지 녀석이 도장을 찍고도 여권을 줄까 말까 하면서 놀린다. 여권을 던져 준다. 못된 불가리아 놈이었다. 우리가 동양인이라 그런가. 정말 국경을 통과하는 동양인은 거의 없었다. 여기서도 1시간 이상 걸린 것 같다. 유럽에서 국경을 통과하는 시간을 감안하지 않으면

불가리아–루마니아 국경_4–5시간 끝없는 해바라기의 평원을 볼 수 있다.

국경 통과 시 주의할 점

첫 번째, 출입국 도장을 여권에 받아야 한다. 상식이지만 이것을 하지 않아 혼났다. 둘째는 인내다. 기다리는 인내, 무례함을 견디는 인내가 필요하다. 불손한 경찰관들의 인종차별 느낌도 역시 참아야 한다. 왜냐하면 여긴 남의 나라이기 때문이다. 한국 사람임을 느끼는 시간이다. 동양인을 어떻게 보는가 하는 불쾌함도 있고, 한국인이라는 것이 자랑스러운 기분도 있다. 당신들보다 꿀리지 않는다는 마음. 시리아 난민이었음 어쩔 뻔 했는가. 셋째는 고속도로 통행권 비넷이다. 작은 것 때문에 망신당할 필요는 없다. 넷째는 화장실이다. 미리 미리 준비하라. 다섯째는 음악, 맛난 것 등 시간을 견딜 수 있는 것을 준비하는 것이다(특히 휴가철에는).

여행에 차질이 생긴다(특히 휴가철에는).

불가리아에서 루마니아로 갈 때는 다뉴브강을 건너면 국경이 바로 나온다. 처음에 톨게이트에 돈을 내야 되는데 이곳이 국경인 줄 알고 엄청 좋아했다. 톨게이트에 기다리는 차가 거의 없어 금방 돈을 냈다. 그런데 출국할 때 비넷을 따로 검사하는 것 같았다. 어떤 사람이 우리에게 오라고 하더니 차 유리창 위를 한 번 훑어보고 통과시킨다. 국경 심사 창구에 들어섰는데 정말 차가 5대 정도밖에 기다리지 않는다. 불가리아에서 루마니아로 가는 차가 이렇게 없단 말인가. 지금이 휴가철인데. 어쨌든 한 10분 걸려서 입국 허가를 받았다. 차량 서류를 검토하고 여권을 조회한 다음에 바로 도장을 찍어 준다.

(맹완영)

달마티아 바다 건너 이탈리아로

7박 8일간, 달마티아Dalmatia 북부와 바다 건너 이탈리아를 돌아보는 여행을 떠났다. 설레는 마음으로 출발했다.

6월 19일 일요일(자다르 1박)

오늘은 플리트비체Plitvice를 구경하고 자다르Zardar에서 1박 예정이다. 플리트비체로 가는 도중, 라스토케Rastoke라는 물레방아 마을을 구경했다. 두 물줄기가 합쳐지는 지점이어서 붙여진 이름이라 한다. 여러 갈래에서 떨어지는 폭포에 둘러싸인 조그만 마을인데, 마을을 지나는 물로 물레방아를 돌리는 모습이 예쁘고 인상적이었다. 플리트비체는 기대 이상으로 웅장하고 아름다웠다.

계곡을 흐르는 물줄기가 넓고 깊다. 깊이가 100m 이상은 되는 것 같다. 물 색깔이 청록색이다. 숲과 하늘을 합친 것 같은 색을 가진 맑은 물속에 송어들이 헤엄치는 것이 보인다. 16개의 호수가 90여 개의 폭포로 연결되어 있는 모습이 장관이다. 그림을 그려 보고 싶은 장소들이 많아서 사진을 많이 찍었다. 오늘은 흐렸지만 햇빛이 나면 더 멋있었을 것 같다.

점심은 플리트비체 주변 대중식당에서 새끼돼지 통구이를 먹었다. 이름만큼 맛있지는 않았다. 한 끼 때우고 자다르로 향했다. 자다르로 향하는 도중 비가 너무 많이 와서 깜짝 놀랐다. 이렇게 비가 많이 오는 길을 달려 본 것은 아마 슬로베니아 블레드 호수를 갈 때인 것 같은데 그때도 이때만큼은 아니었던 것 같다. 빗속을 달려서 저녁 7시 40분경에 도착했다. 숙소가 깨끗해서 가족들 전부 마음에 들어 했다.

좀 쉬고 밖으로 나갔다. 차를 몰고 바닷가 주변으로 가니, 어둠이 쌓여 있는데 바다가 아름답다. 쉽게 볼 수 없는 아름다움을 가진 자다르는 참 매력적인

라스토케

마을이었다. 출발하는데 주형이가 에어컨을 줄이라는 말에 왠지 심기가 상해서 주형이한테 불쾌한 말을 했다. 부자지간에 서로 존중의 말을 해야 한다. 저녁을 먹으려고 생선구이 집에 갔다. 해산물 심포니는 생선 두 마리, 오징어 두 마리, 홍합 몇 개, 새우 몇 개와 리소토가 전부다. 생선 스프는 조그만 간장종

자다르

맹씨 가족의 **크로아티아** 365일

지에 나왔는데 30쿠나(약 5000원)다. 말도 안 되는 가격이다. 생선도 좀 비리다. 트립어드바이저Trip adviser에서 추천한 맛집인데 별로다. 역시 블로그 맛집을 찾아다닐 게 아니다. 맹신하면 실망하게 된다. 관광객이 봉인가. 크로아티아는 어디를 가든 골목길이 참 아름답다. 어둠 속에 조명으로 홀로 빛나는 성당의 모습이 멋있다. 자다르 골목길, 기억에 남을 것 같다. 자다르는 하룻밤만 묵기는 너무 아쉽다. 분위기를 더 만끽하고 해변과 유적들과 골목 속을 더 거닐어 보고 싶다.

6월 20일 월요일(시베니크 1박)

아침에 폭우가 쏟아지는 소리에 잠이 깼다. 8시에 비가 개었다. 오늘은 어떤 하루가 될까. 오늘도 크로아티아 특유의 무엇을 찾는 즐거운 하루를 보내자. 크로아티아에는 이 세상 어디에도 없는 그 특유의 분위기가 있다. 그것이 중요하다. 모든 인간과 도시는 각각의 특이함을 가지고 있다. 그 특유의 것을 발견해 내는 즐거움이 있다.

10시경에 집을 나왔다. 자다르 구도심으로 들어가는 다리 위에 태양이 뜨겁고, 바다가 반짝인다. 골목길로 들어가서 피자를 먹었다. 피자가 굉장히 큰데 10쿠나다. 피자가 따뜻하고 맛있다. 마을 가운데에 있는 성 도나트Saint Donat 교회는 로마유적지 위에 세워진 9세기 유적이라 한다. 안으로 들어가니 팔각형의 구조. 높은 천장은 목조로 된 돔dome이다. 울림이 좋아서 이곳에서 음악회도 개최한다고 한다. 로마시대의 유물도 건물에 남아 있으니 2000년이 넘은 유적이다. 성당을 나와서는 첨탑에 올라갔다. 높아서 오르는 도중에 아래를 보니 겁났다. 360도로 오래된 마을과 푸른 아드리아해가 보인다. 성당 첨탑을 나와서는 바다오르간이라고 하는 장소에 갔다. 보래 밑에 심어신 파이

시베니크의 골목_크로아티아 해안가의 골목은 대개 이런 식이다.

시베니크 성 제임스 성당_돌만으로 건축된 세계문화 유   **시베니크**_주형
산이다.

프로 바닷물이 드나들면서 나는 울림이 음악이 된다고 한다. 바다오르간 계단에 앉아 있노라니 바닷물 밀려오는 파도의 리듬에 따라서 소리가 난다. 바다의 노래인가.

12시 55분까지 주차장에 가야 되는데 해변가 벤치에 앉아 있었다. 파란 바다 물결이 일렁인다. 열심히 보면 파도도 무척 아름답다. 하얀 물결 위로 구름도 뭉게뭉게 피어오른다. 올리브 나무 그늘 밑에 앉아서 자다르 바다 풍경을 마냥 바라보고만 싶다. 12시 55분을 약간 지나 주차장에 왔다. 주차요원이 마침 지나간다. 조금 더 늦었으면 주차위반 벌금을 물었을 것 같다. 시간 맞추기를 잘했다. 크레이지 피자 큰 거를 하나 사서 들고 가면서 먹었는데 역시나 양이 많아 먹느라 고생했다. 콜라 한 잔으로 입가심을 했다.

크르크Krk로 출발이다. 작은 플리트비체라고 해서 과연 어떤 곳일까 궁금했는데 가 보니 크르크 나름의 멋이 있다. 플리트비체만큼 웅장하고 깊은 계곡은 없지만 더 접근하기 쉬운 계곡이 있다. 그래서 수영하는 사람들도 많고 애들도 즐거워한다. 일광욕하는 사람들도 있다. 저 위에 가장 높은 곳으로부터 맨 아래쪽 호수들이 폭포로 서로 연결되어 있다. 고인 물은 잔잔하고 맑다. 청록색이다. 플리트비체와 비슷한 색깔이다. 오늘은 태양이 강렬하여 바닷물의 색깔이 더 화려하다. 오랜 시간 퇴적된 석회화가 호수를 만들고 폭포가 됐다. 놀라운 자연이다. 자연이 만든 것들을 이 많은 인간들이 보러 와서 감탄하고 있다. 인간은 자연의 아들이다. 이런 자연을 보고 겸손해지지 않으면 너무 오만한 것 아닐까. 멋진 말을 하려 하는가. 그냥 내 마음속에 있는 것을 말해 본 것일 뿐이다.

크르크를 나와서 숙소로 갔다. 한 20여 분 걸렸다. 시베니크Šibenik 숙소도 7만 원 정돈데 들어오니 진짜 100만 원 징노이나. 바나가 상대하게 보이고

크르크

맹씨 가족의 **크로아티아** 365일

내륙으로 연결된 바닷길 주위로 섬들이 보인다. 저녁은 목살과 라면을 먹었
는데 목살이 참 맛있었다. 주성이가 샐러드도 만들었다. 무척 매웠는데 목살
하고 먹으니까 딱 좋다. 오랜만에 매운 것을 먹으니 힘이 난다. 앞산으로 달이
뜨는데 엄청 둥글고 밝은 달에 모두 다 놀랐다. 그래서 사진 한 장 찍었다. 앞
에 해안을 따르는 섬들과 시베니크 마을과 요새가 멋지게 펼쳐져 있어서 그려
보려고 했는데 너무 파노라믹하고 커서 잘 그려지지가 않는다. 샤워하고 이제
자려고 한다. 시베니크의 밤이 깊어 간다.

6월 21일 화요일(여객선 캐빈 1박)

시베니크 마을과 성당, 돌로 된 성당을 구경했다. 골목을 돌아다니다 할머
니가 하는 스파게티 집에서 점심을 먹었는데 맛은 그저 그랬다. 너무 더워서
그늘이 많은 골목을 걸었다. 골목이 아름다워 감탄사가 나온다. 어떤 이름 모
르는 성당에서 좀 졸았다. 그리고는 스플리트로 출발. 가는 도중에 트로기르
Trogir에 들러서 잠시 구경했다. 작은 섬인데 이 마을도 유네스코 문화유산이라
고 한다. 그리고 스플리트에 도착했다. 지난번에 갔던 체밥치치 집에 다시 가
서 체밥치치를 먹었다. 역시 맛있다. 차를 배에 집어넣고 갑판에 올라가 한동
안 바다를 바라보았다. 배에서 축구 경기를 보았다. 스페인을 극적으로 이기
는 경기였다. 작은 4인용 캐빈에서 잠도 잤다. 바다 위에서 자는 것은 새로운
경험이었다.

6월 22일 수요일(로마 1박째)

안코나Ancona에서 로마로 간 다음, 숙소에 들렀다가 콜로세움, 포로 로마노,
판테온, 트레비 분수 등을 구경하고 싶에 돌아왔다. 로마는 더운 기억이 많이

남아 있는데 오늘도 역시 덥다. 콜로세움에서는 너무 더워서 2층 입구만 보고 다시 내려왔다. 로마는 2000년 역사가 도시 모퉁이마다 남아 있다. 콜로세움의 큰 돌덩어리 벽들의 일부는 2000년 전의 것 아닐까. 로마의 거리를 여름에 걷는 것은 고역이다. 포로 로마노는 더워서 제대로 구경하지 못했다. 그래도 그 오랜 시간을 견디어 온 건물들과 조각들에 대한 놀라운 인상과 감탄은 마음에 각인될 수밖에 없다. 판테온의 천장은 비어 있는데 비가 오면 어쩌나 하는 문제를 아내가 제기했다. 아래 배수용 구멍이 있다는 것은 확인했지만 아직 왜 열어 두었나 하는 문제는 풀지 못했다. 창문이 없어서일까. 콜로세움을 보고 포로 로마노를 보고 트레비 분수까지 구경한 다음 더위를 뚫고 1.2km를 걸어서 100년 역사라는 카르보나라 집에 왔는데 휴무라 한다. 그래서 근처 스파게티 집에 들어갔는데 강매당한 느낌에 분개했다. 인종차별이 느껴진다. 와인을 가격도 확인하지 않고 주문하다니. 이게 무슨 어리석음인가.

6월 23일 목요일 (로마 2박째)

지식 가이드 여행사인 유로자전거나라에 바티칸 일일투어 신청을 해서 다녔다. 유익했다. 미켈란젤로가 홀로 그 넓은 시스티나 성당 천장화를 그렸던 것이 새삼스럽게 경이롭다. 그가 돌을 깎아 만든 조각상들도 더 생명력이 느껴진다. 모르던 것들을 핵심 요약으로 설명을 들으니 지적 충족감이 느껴져서 좋았다. 투어를 마치고 어제 휴무라 가지 못했던 100년 역사의 카르보나라 집에서 스파게티를 먹었다. 기대만큼 맛있지는 않다.

6월 24일 금요일 (피렌체 1박째)

아침에 로마를 떠나 피렌체로 갔다. 3~4시간 걸렸던가. 피렌체 숙소가 지하

로마의 카르보나라 집 앞에서 대기하는 중_파스타의 나라에 왔다는 설렘이 뒤태에서 느껴진다.

다. 냄새도 나서 모두 불만이다. 모기한테 몇 방 물렸다. 주형이가 먼저 50m 앞에서 혼자 가 버렸다고 아내와 갈등이 있었다. 구도심으로 나가서 마을을 구경했다. 1층의 높이가 높아 건물들이 시원하고 고급스런 느낌이다. 골목들이 오밀조밀하며 로마보다 좁다. 주성이가 찾은 티본스테이크 집에 갔다. 더웠지만 불에 직접 구우니 맛은 괜찮았다. 불꽃놀이가 작렬하여 다리 위에 사람들 때문에 움직일 수가 없었다. 버스도 다니지 않아 택시로 집에 왔다. 보조금 3유로가 정상인지 약간은 미심쩍어서 경계의 눈초리를 보냈다.

6월 25일 토요일(피렌체 2박째)

사선사나라 투어로 아침 일찍 출발하여 우피지 미술관과 피렌체 시내 관광

피렌체

피렌체

맹씨 가족의 **크로아티아** 365일

을 했다. 관광을 마치곤 피곤해서 펍에서 2시간가량 쉬었다. 그리곤 광장에서 멍 때리다 어제 그 티본스테이크 식당에서 이탈리아 샌드위치를 먹고 집에 와서 축구를 보았다. 크로아티아–포르투갈 경기였다. 연장전에서 한 골 아쉽게 먹었다.

6월 26일 일요일(피렌체에서 자그레브로 돌아옴)

피렌체에서 11시경 출발했던가. 집에 도착하니 6시경. 자그레브에 오니 고향에 온 듯 좋다. 목살과 냉면을 먹으니 최고다. 크로아티아에 온 이후 가장 긴 일정이었다. 재미있었다.

(맹완영)

유럽의 광장

도심 광장에 앉아 망중한을 즐기는 것을 좋아한다. 아무것도 하지 않고 가만히 앉아 있어도 심심하지 않다. 이런저런 사람들을 구경하다 보면 시간이 훌쩍 지난다. 이런 좋은 구경이 매일 공짜다. 옆에 앉은 이를 곁눈질하다 시답잖은 농담도 나눈다. 그는 나를 물끄러미 보더니 동상 앞에서 파라오 옷을 입고 죽은 듯 앉아 있는 아저씨를 가리킨다. 그의 출퇴근 광경을 본 적이 있는지 물어온다. 타인에 대한 순수한 호기심을 노출하는 일을 꺼리지 않아도 좋다. 많은 여행객들이 그러하듯, 나 또한 이곳 광장에서 비로소 유럽을 느낀다.

여행을 온 이들 대다수는 한국에는 왜 이런 도심 광장이 없는지 아쉬워한다. 나 또한 그렇다. 한국에선 어딜 가더라도 돈을 내지 않고도 시간을 보낼 곳이 없다. 문득 궁금하다. 왜 유럽과 한국은 서로 다른 도시 구조를 가지게 되었을까? 그리고 이러한 도시 구조가 주민들의 생활양식에 어떠한 영향을 끼칠까? 일단 항공사진을 번갈아 보며 유럽과 한국의 도시 구조를 비교해보았다. 다음 페이지의 두 사진은 구글 어스를 이용해 찍어 본 1) 크로아티아 자그레브의 반 옐라치치 광장과 2) 서울 강남구의 테헤란로 관측 사진이다. 관측 고도는 약 1km이다.

자그레브 사진을 유심히 보면 두드러지는 특징 하나를 볼 수 있다. 각 구획(블록)의 네 면이 건물로 막혀 있다. 테두리에 건물이 서 있고 그 가운데에 자그마한 공터가 있다. 어떤 이들은 이 공간을 주차장으로 쓰기도 하고 정원으로 꾸미기도 하는데, 인터넷을 찾아보니 건축 용어로 '중정'이라 한다. 길에서 몇 발자국 들어왔을 뿐인데 온전한 자신만의 구역이 만들어진다. 사생활이 보다 보장되는 형태이며 주거와 사회의 구분이 생긴다. 단점도 분명하다. 도리어 그 안에 갇혀 버릴 여지가 있다. 도시 전체로 본다면 공공성의 결여를 걱정

피렌체 공화국 광장

반 엘라치치 광장

테헤란로

해야 한다.

도시 중앙의 광장에서 비로소 숨통이 트인다. 언제고 함께 커피를 마시고, 시위도 하고, 낯선 이와 대화도 나누고, 벼룩시장을 열어 물건도 사고판다. 다양한 인산의 모습을 볼 수 있고 그들의 목소리노 가까이서 듣는나. '소통'을 눈으로 볼 수 있는 곳이다. 혹자는 유럽의 광장이야말로 공공성의 실현이라고 한다.

아이러니한 것은 유럽 초기의 도심 광장이 오늘날의 공공성을 염두에 두고 조성되지는 않았다는 점이다. 시민들의 자발로 지어지지도 않았다. '어떤 왕의 명으로 무엇을 기념하기 위해 지었다'라는 기록이 대부분이다. 지난번에 남미 여행을 가서 현지 가이드와 나누었던 대화가 떠오른다. 남미의 도시들도 유럽과 비슷하게 도심 한가운데의 중앙 광장이 생활과 문화의 중심지였다. 거기에는 항상 몸집 크게 지어진 성당이 나란히 있었는데, 남미 땅을 밟은 스페인 침략자들은 도시를 점령한 후 가장 먼저 성당을 짓고 그 앞에 광장을 조성했다고 한다. 종교의 획일화를 목적으로 사람들을 한곳에 모은 것이다. 역사상 가장 짧은 기간에 가장 많은 광장을 만든 이가 아돌프 히틀러라는 기록은 눈을 의심케 한다.

그 시작이야 어찌 되었든 중정과 그 주위를 둘러싼 건물들, 모두에게 열려 있는 중앙 광장은 결과적으로 도심에 기분 좋은 균형을 만든다. 개인성과 공공성이 적절히 양립한다.

한국의 도시에는 광장이 없다. 그나마 형태상 비슷한 곳이 학교 운동장이다. 마냥 답답하지는 않은데, 중정이 없다. 건물과 도로 사이가 막혀 있지 않아 유럽에 비해 오히려 개방적이다. 건물과 건물 사이가 곧 길이고 빈 공간이다. 대구의 동성로, 서울의 종로, 광주의 충정로. 한국의 도시 하면 특정한 골목을 떠올리는 것과 유럽의 어느 도시 하면 유명한 광장을 떠올리는 것이 비슷한 개념일지도 모른다. 사람이 많이 모이고 생활과 여가의 중심이며 여행을 온 이라면 꼭 들러야 하는 곳이기에 그렇다.

다만 결정적인 차이점이 있다. 유럽의 광장은 도시 소유의 '공터'지만 한국의 골목은 개인 소유의 건물들이 만든 '빈자리'라는 것이다. 다시 말해 유럽의 광장은 작정하고 만든 빈 공간이지만 한국의 골목은 수시로 바뀌는 개인 상점을 겨우 비집고 그 사이에 살아있는 날 것의 땅이라는 말이다.

그렇기에 건물과 건물 사이, 즉 한국의 골목에서 적극적인 공공성을 확보하는 일은 불가능에 가깝다. 유명세를 탄 골목은 빠른 상업화가 이루어지고 거대 자본이 잠식한다. 문화마저 자본이 선도한다. 광장에서도, 길에서도 목소리를 내지 못한 개인과 공동체는 그림자 밑으로 밀려 들어간다. 현실에서 공공성을 구축하기 어려우니, 도태된 이들은 온라인에서 더 열을 올린다. 여느 나라보다 인터넷 여론에 좌지우지되는 한국의 사정은 일정 부분 여기에서 기인한 것일지도 모른다고 생각한다. 골목은 서로 다른 곳을 향해 걷는 불특정 다수의 공간이다. 타인에 대한 순수한 호기심이 용인되는 공간이 없다. 시로를 오해하기 일쑤며 작든 크든 시위는 유별난 것으로 인식한다. 길 위에서 오랜 시간을 보내는 한국인은 온전한 개인도, 소통하는 공동체도 아니다.

도시의 생김새는 그곳 사람들의 생활에 상당 부분 영향을 끼친다. 한국에서는 감성이 메말라 있었지만 이곳의 광장에서는 망중한을 즐긴다. 꿈, 희망, 삶에 대해 생각한다. 괜히 내 옆 사람에게 말이라도 한번 붙여 보고 싶고, 지나가는 이를 향한 호기심도 용기를 내 표현하게 된다. 벤치에서 나 몰라라 낮잠도 잔다. 환경은 확실히 정서를 지배한다. 광장도 그렇다.

(맹주성)

유럽의 소매치기

"What the Fuck are you doing?!" 조용한 지하철 안에서 누군가 소리쳤다. 소리 나는 곳으로 고개를 돌려 보니 형이 눈을 부릅뜨고 어떤 남자를 노려보고 있었고, 그 남자도 이에 질세라 싸울 듯이 형을 노려보고 있었다. 몇 초의 긴장되는 시간이 흐르고, 문이 열리자 그 남자는 어이없다는 듯이 유유히 지하철 안을 빠져나갔다.

그는 '소매치기'였다. 깔끔하게 생긴, 젊은 유럽 계열의 남자였다. 많은 사람들은 유럽으로 여행을 오면 소매치기에 관한 이야기들을 대부분 접하고 온다. 하지만 그러한 이야기들을 들었음에도 불구하고, 여전히 소매치기를 당하는 사람들은 정말 많다. 실제로 내 주변에서도 그러한 사람들을 만나 볼 수 있었고, 우리 가족도 예외는 아니었다. 소매치기에 대해 알고 있는데도 당하는 이유는 무엇일까? 그들로부터 안전하려면 어떻게 해야 할까?

기본적으로 많은 사람들은 집시들이 소매치기를 많이 한다고 믿는다. 물론 많은 집시들이 소매치기의 용의자가 되지만, 실제로 집시가 아니고 겉이 멀쩡한 소매치기도 많다. 우리 가족도 위에서 언급한 상황을 겪기 전까진 '집시들만' 소매치기를 할 것이라고 생각했다. 우리가 만난 소매치기는 꽤나 잘생긴 남자였고, 소매치기와는 전혀 관련 없는 사람으로 보였다.

또한 은근히 교묘한 수법으로 소매치기를 시도했는데, 방법은 이렇다. 붐비는 지하철에 타서 타깃이 될 만한 사람들을 고른다. 그 후 자신의 일행들과 함께 그 타깃을 둘러싸고 사람 좋은 미소와 함께 그 사람을 안정시킨다. 그리고 사람들이 내리는 혼잡한 상황을 틈타 몰래 주머니에 손을 넣는 것이다. 만약 들킨다면 당황하지 않고 도리어 억울하다는 표정을 지어 자신의 결백을 드러

내는 것이 포인트이다. 그의 얼굴은 사람들로부터 동정심을 얻기에도 충분했다. 그 당시 다행히도 주머니에는 영수증밖에 들어 있지 않아 큰 화는 면했지만, 만약 핸드폰이나 여권이 들어 있었다면 정말 말 그대로 답이 안 나오는 상황에 처했을 수도 있다.

그때 이후로 한 가지 얻은 것이 있다면, 대부분의 소매치기들은 멀쩡하고 소매치기로 보이지 않는다는 것이다. 멀쩡하게 생긴 소매치기 일행은 팔을 점퍼 같은 걸로 가린다. 마치 더워서 잠시 옷을 벗은 것처럼. 따라서 상대가 소매치기를 하는 것인지 아닌지 전혀 알 수 없다.

그렇다면 어떻게 해야 할까? 최대한 경계 태세를 갖추어야 한다. 즉, 눈이 손보다 빨라야 한다는 것이다. 지하철을 탈 때 구석자리에 가서 시야를 확보하고, 핸드폰이나 지갑 같은 것들은 가방에 넣고 가방을 앞으로 메는 것을 추천한다. 또한 가난해 보이는 집시보다 멀쩡하게 생기고 팔을 옷으로 가린 애들을 조심해야 한다.

소매치기를 당하는 경우의 수는 정말로 많다. 그 사람들이 마음을 먹고 짐을 빼앗기로 계획했다면 90퍼센트는 뺏기기에, 조금이라도 불안한 상황에 처하게 되면 일단은 그 상황을 빠져나오는 것이 가장 좋다. 여행의 즐거움을 소매치기 따위에게 주지는 말자.

(맹주형)

집시, 그들은 누구인가

까무잡잡한 피부, 알 수 없는 문양의 옷, 그리고 뭔가에 찌든 듯한 눈망울.

집시들을 생각했을 때 떠오르는 것들이다. 우리는 유럽 여행을 하면서 그들을 그냥 성가신 존재, 조심해야 하는 존재 정도로 생각한다. 하지만 이번에는 조금이라도 더 알고 그들을 지나치려 한다. 그들은 대체 누구며, 어디서 온 것이고 왜 길거리에서 방황하는 것일까.

집시는 대개 서아시아, 동유럽에 많이 거주하는 인도 아리아계 유랑 민족이라고 한다. 이 사람들이 유럽에 들어올 때 이집트에서 발행한 통행증을 들고 이집트인임을 자처했다는 데에서 집시라는 이름이 유래했다는 말이 있다. 자기들 스스로는 롬, 로마라 부른다고 한다. 이것이 로마를 뜻하는 것과 비슷하여 로마의 후예라고 생각할 수도 있는데, 실제로 자신이 로마의 후예이기 때문에 이렇게 부른다는 주장도 있다. 이탈리아에 가면 엄청나게 많은 집시들을 볼 수 있는데 이 중 대부분은 유명 유적지 앞에서 가이드를 해 준답시고 영업을 한다거나 혹은 지하철 등에서 소매치기를 강행한다.

나도 한번 어떤 어린 집시 아이한테 소매치기를 당할 뻔한 적이 있다. 갑자기 뒤에서 손이 훅 들어와 깜짝 놀라서 쳐다보니 굉장히 뻔뻔한 표정으로 "Good Morning" 이러길래 어이가 없었다. 우리가 아는 집시의 모습은 이처럼 각종 범행이나 사기를 일삼는 모습이고 대부분의 매체에서도 그렇게 비춰지고 있다. 이렇다 보니 사람들은 집시들을 싫어하며 천대하기 시작했고 이러한 이미지 때문에 집시들은 편의점 알바 같은 것도 할 수 없게 되었다. 생계가 어려워지니 잡동사니라도 팔고자 길거리에 나갔더니 경찰이나 사람들이 천대하고 두드려 패기까지 하니 상점을 제대로 운영할 수도 없어 결국 범죄의 길로 들어서게 되는 것이다.

이런 관점에서 보면 정말 끊을 수 없는 악순환의 고리를 돌고 있는 듯하다. 매체들이 계속해서 집시들의 안 좋은 면을 부각할수록, 집시는 더 살기 어려워져 범죄를 저지르게 되고, 결국 그것이 또 매체에 비춰져서 사람들이 싫어하게 되는 것이다. 뭔가 대책이 필요하다. 반복되는 이 악순환을 끊어 내야 한다.

(맹주형)

6. 맹씨 가족의 일상 in 크로아티아

취미로 그림 그리기

그림 그리기를 배우는 중이다. 그림 그리기에 관심을 가진 것은 한 20년쯤 된 것 같다. 어떤 직장 동료가 『타임지』 표지에 난 얼굴을 그렸는데 똑같았다. 신기해서 나도 신문에 난 피아니스트 얼굴을 낙서처럼 그려 보았다. 그때부터 그리기에 관심을 가졌다. 신문을 볼 때 관심이 가는 사람을 낙서처럼 그렸다. 보던 신문에 낙서처럼. 또는 초등 학습장 같은 것을 사서 긁적여 보기도 했다. 관심이 생기면 몇 장 더 그려 보다가 바빠지면 그리기를 잊어버리곤 했다. 그러다 다시 관심이 생기면 또 몇 번 시도해 보는 것을 반복했다. 그림 실력이 작은 사인 커브를 그릴 뿐 계속 평원에 머물러 있었다. 늘지 않았다. 한 단계를 뛰어올라야 하는데 늘 그 자리였다.

올해 시간이 있으니 그림을 제대로 연습하고, 실력을 향상시켜 보자고 생각했다. 올 초 200페이지 정도 되는 두꺼운 연습장을 샀다. 이것이 채워지면 실

숙소에서 두브로브니크 스케치

력이 늘겠지 생각했는데 이제 몇 페이지밖에 남지 않았다. 유튜브 강좌들도 많이 보았다. 인터넷 블로거들의 그림들도 보고 배웠다. 4월 말부터는 한국 화가의 화실에 가서 그림을 그렸다. 화실에 가면 집중적으로 그릴 수 있는 시간을 확보할 수 있어서 실력 향상에 도움이 되는 것 같다. 7, 8월은 방학이라 쉬는 중이다. 9월부터 다시 시작할 예정이다. 실력이 조금 나아진 것 같기도 하지만 완전히 한 단계 올라서진 못한 것 같아 더 노력이 필요한 시점 같다.

　화실에서 처음엔 아크릴화를 그렸다. 내가 사진 찍은 집 베란다에 핀 장미, 믈리노비 동네 골목길, 메드베드니카산, 자그레브 대성당 등을 그렸다. 자기 도취이지만 멋있다. 수채화도 그렸다. 처남 가족과 갔던 두브로브니크 여행과 혜정과 갔던 이스트라-베니스 여행에서 본 광경 등을 화첩에 담았다. 처음엔 수채화가 부척 어려웠는데, 지금은 계속 노력하면 괜찮은 그림도 몇 점 그

우리 집 베란다의 장미 사진과 그림

작은 수첩에 그린 플리트비체

자그레브 성당 앞 거리

맹씨 가족의 **크로아티아** 365일

릴 수 있을 것 같다는 생각이 든다.

　나는 누구라도 그림을 그릴 수 있다고 생각한다. 조금만 (제대로) 연습하면 누구나 즐길 수 있을 만큼 그릴 수 있다. 재능을 말하는 사람들이 많은데 그런 사람들 때문에 인생의 즐거움을 지레 포기하지 말라고 얘기해 주고 싶다. 물론 노력한다고 미켈란젤로처럼 그릴 수 없다. 그러나 누구든 그림을 그리면서, 그 과정과 결과물에 만족할 수 있는 만큼은 그릴 수 있다고 생각한다.

　그리기는 우리에게 많은 것을 준다. 세상의 아름다움을 보는 눈을 주고, 삶을 기록하는 도구가 되고, 그리기가 아니었다면 하지 않았을 질문들을 하게 한다. 또 위대한 화가들의 명작을 감상할 수 있는 안목도 준다. 얼마나 고마운 일인가. 꼭 하지 않아도 되는 그리기를 하는 것, 이것은 최고의 사치다. 그렇지 않은가? 무위를 즐기는 사치, 행위 자체가 목적인 사치, 끝없는 향상을 위한 도 닦는 사치이다.

　처칠은 『취미로 그림 그리기Painting as a pastime』란 수필에서 이렇게 말했다.

　"그림 그리기는 매우 즐겁다. 물감들은 보기에 사랑스럽고, 그것들을 짜내는 것은 흥겹다. 물감들과 풍경들을 서로 맞춰 화폭에 담는 것은 아무리 거칠더라도 매혹적이고 완전히 몰입하게 만든다. 아직 해 보지 않은 사람들은 죽기 전에 해 봐라."

　그림 그리기를 시도해 보자. 그리고 이런 말도 했다.

　"화가는 행복하다. 빛과 색, 평화와 희망이 죽을 때까지 그와 동반할 때니까."

(맹완영)

참새를 묻다

　자고 있는데 아내가 놀라서 달려왔다. 참새가 베란다에 죽어 있다는 것이다. 나가 보니 작은 새 한 마리가 거실 창 아래 바닥에 떨어져 있다. 아마도 투명한 창을 보지 못하고 부딪힌 모양이다. 고양이들이 물어다 놓기도 한다는데 어떻게 거기에 죽어 있는지는 모르겠다. 어떻게 이런 일이 생겼을까 놀랍기도 하고, 저것을 어찌해야 하나 난감하기도 했다.

　일단 마당에 나가서 참새를 묻을 곳을 찾아봤다. 마당에 소나무 우거진 비탈 한쪽 구석에 구멍을 파고 묻으면 될 것 같았다. 혹시라도 고양이들이 지나다니면서 냄새를 맡고 파는 것은 아닌가 하는 생각에 걱정스럽기도 했지만 이곳에 묻기로 했다. 일단 집에 있던 눈 치우는 작은 삽을 가져다가 마당을 팠다. 아직 땅이 차가워서 파기가 수월치는 않았다. 내가 낑낑거리니 아내가 도와준다. 잔디와 잡초를 캐내고 새가 충분히 들어갈 만한 너비와 깊이로 꽤 깊은 구멍을 팠다.

　이제는 참새를 옮겨 오는 일이 남았다. 아 이것을 어떻게 옮겨야 하나. 아내가 수건을 하나 내게 건네주었다. 일단 죽어 있는 참새를 그것으로 덮었다. 그런 다음 수건으로 참새를 감싸고 들어 올리려는데, 참새가 약간 움직이는 듯한 느낌이 들어서 깜짝 놀랐다. 엉덩방아를 찧을 뻔 했다. 마음을 차분히 하고 다시 참새를 조심스럽게 들어 올렸다. 왠지 아직도 뜨거운 체온이 남아 있는 듯하고, 꽤 무거운 느낌이 든다. 생명이란 이런 것인가. 조금 섬뜩한 마음도 있지만 왠지 경건한 생각이 든다. 조심스럽게 참새의 주검을 들고 파 놓은 구멍으로 가져갔다.

　그곳에 참새를 묻었다. 흙으로 두껍게 덮어 주었다. 참새를 우리 집 마당에

참새가 묻힌 우리 집 마당

묻는 흔치 않은 경험을 했다. 아침에 짹짹거리는 소리에 잠이 깨곤 하고, 가끔 나뭇가지에 내리 앉거나 비상하는 궤적을 보면서 감탄하곤 했지만 참새를 묻을 줄을 몰랐다. 참새가 이렇게 무겁고 조심스러운 생명인줄은 여태까지 몰랐다. 더 좋은 하늘로 날아가길 바란다. 참새가 어떤 연유로 우리 집 베란다에 와서 죽었는지는 모르지만 생명에 대한 경외감을 느끼고, 죽음을 생각하는 아침이 되었다.

(맹완영)

누구나 다 아는 설교

내 인생도 모범적으로 잘 살고 있지 못한데, 다 큰 자식들에게 설교조로 얘기하기는 싫었다. 내 말에 귀 기울여 들어줄까노 의문이었다. 수성, 주형이가 이젠 자신들의 인생을 책임져야 하는 나이인데, 잔소리를 한다고 무슨 도움이 될까 하는 생각도 들었다. 그렇지만 설교를 하고 싶었다. 공허한 메아리가 될 수도 있지만 부모로서 뭔가를 말해 주고 싶었다. 크로아티아에 와서 보내는 1년의 시간이 가치 있는 순간들이 되어, 아들들의 인생에 도움이 되어야 할 텐데 하는 노파심도 작용했다. 정색하고 설교를 하면 좀 어색하고 쑥스러울 것 같아 제목을 '누구나 다 아는 설교'라 붙이고, 뭔가 말하고 싶은 생각이 들 때면, 우리 가족의 일상을 기록했던 에버노트ever note에 적었다. 좀 멋쩍게 한 설교지만, 사실 이 설교들은 나 자신에게도 들려주고 싶은 것들이었다. 그 설교들 몇 개를 나열해 본다.

1. 위대한 것은 누적이다. 대단한 것은 한 번에 이루어지지 않는다. 아인슈타인의 상대성이론이 한 번, 번쩍하는 아이디어로 나온 것일까? 아니다. 평범한 사람이 생각할 수 없는 엄청난 사고의 누적이다. 몸짱이 되는 것도 마찬가지다.
2. 인생은 선택이다. 안락의 삶을 선택할 수도 있고 도전의 삶을 선택할 수도 있다. 둘 중 하나를 선택해 살면 된다. 그러나 문제는 안락의 삶을 언제나 선택

설교를 들을 때는 웃어야 할까 울어야 할까.

할 수 있도록 삶이 전개되지는 않는다는 것이다. 그렇다면 어떤 삶을 선택해야 하는가?

3. 글은 무엇으로 쓰는가? 손으로 쓰는가, 머리로 쓰는가? 아니다 엉덩이로 쓴다. 엉덩이를 의자에 붙이고 시간을 들여야 한다. 모든 일이 그렇다. 그림도 학문도 뭐든 그렇다. 소설가 황석영도 그렇게 말했고, 강정명도 그렇고, 무라카미 하루키도 그렇다. 무라카미 하루키의 『달리기를 말할 때 내가 하고 싶은 이야기』란 책을 보면, 한번 의자에 앉으면 최소 3시간은 엉덩이를 붙여야 집중이 되고 최소한의 성과를 낼 수 있다 했다. 맞는 말 같다.

4. "The unexamined life is not worth living(음미되지 않는 삶은 살 가치가 없다)."
   소크라테스는 죽음을 앞둔 재판에서 말했다. 삶의 의미에 대한 사유와 성찰 없이 사는 삶에 대해 경고했다. 배부른 돼지가 되지 말라고. 삶이 음미되도록 하자. 뜨거운 커피 한잔 앞에 놓고.

5. 선택하고, 집중하라. 너무 많은 것은 없는 것이나 마찬가지다. 뷔페에 가서 배고파 아무거나 먹다 보면 나중에 무엇을 먹었는지도 모르게 된다. 선택은 다른 것을 포기하는 용기를 의미한다. 빛이 산란하면 허공으로 사라진다. 빛을 집중해서 초점을 모아야 종이를 뚫을 수 있다.

6. 삶의 불확실성, 불완전함을 받아들여라. 세상 사람들은 확실한 길을 말하지만, 어떤 길도 확실하지 않다. 인생에는 답이 없다. 자신이 개척하는 전인미답의 길이 진짜 인생이다. 사람에게는 각자의 상황이 있다. 인생이 무엇인가 묻지 말자. 인생이 내게 묻는 것이 무엇인가를 묻고 또 물어보자. 이것에 답하는 것이 인생이다.

7. 한 알의 모래 속에서 세계를 보라
   "한 알의 모래 속에서 세계를 보고/한 송이 들꽃에서 천국을 본다./그대 손바닥 안에 무한을 쥐고 / 한 순간 속에 영원을 간직하라.

-「순수의 전조」, 윌리엄 블레이크

8. 지금 눈앞에 보이는 공에 집중하라. 골프공을 칠 때면 전의 홀에서 한 실수가 머리에 아른거린다. 시험을 칠 때도 마찬가지다. 실수의 잔상이 계속 남아 괴롭다. 그러나 지금 눈앞의 공에 집중하지 않으면 또 실수하게 된다. 사과는 한 번에 한 입밖에 먹을 수 없다. 지금 여기에 집중하라. 지금 여기를 살아라.

9. 욕심이 생길 때마다 '안 먹어도 안 죽는다'라고 주문을 외워라. 욕심이 생기면 급해진다. 배가 고플 때 음식을 대하면 빨리, 많이 먹고 싶어 마음이 급해진다. 급해지면 초조하고 안달하게 된다. 안달해서 되는 일은 없다. 세상일은 될 대로 된다. 그러니 초연한 마음을 갖자. 원하는 것을 얻지 못할 때에는 '나의 운이 아니다'라고 생각한다. 욕심이 생길 때마다 '안 먹어도 안 죽는다'라는 주문을 10번쯤 외우자.

10. 평판을 무시할 수 있는 용기를 갖자. 마음의 힘을 기르자. 철학자 버트런드 러셀은 세계 교육의 체계를 세울 기회가 있다면 청년들에게 타인의 시선을 무시할 수 있는 용기를 갖도록 하는 교육을 하겠다고 했다. 인생의 기준을 남이 정해 준 것에 두지 말자. 내 삶의 기준은 자신 안에 두자. 자신의 생각을 존중하는 것, 자신을 소중히 여기는 것, 이것이 자존이다.

11. 두려워하지 말라. 모든 것은 사소하다. 무엇이 두려울 때 그것을 계속 바라보라. 회피하지 말고 직면하라. 정말 그것이 그렇게 두려운가? 계속 바라보면 그것에 둔감해지는 순간이 온다. 명예와 부, 이런 것들은 사소하다. 우주와 영원의 관점으로 티끌에 불과하다. 죽음마저도 직면하려 노력하자.

12. 종말이 와도 사과나무 한 그루를 심겠다. 스피노자의 말이다. 한 인간의 전 생애는, 그가 직면한 순간을 맞이하는 '태도'에 모두 반영된다. 성실하게 의미를 찾는 삶을 살고자 선택했다면, 내일 종말이 올지라도, 오늘 사과나무 한 그

루를 심자. 성실하게 살자.

(맹완영)

크로아티아의 우리 집

우리 가족은 마당이 있는 3층 집에 산다. 2층에는 거실과 부엌 그리고 파라솔이 놓인 넓은 테라스가 있다. 산자락에 걸쳐 있기에 테라스에 앉으면 양 옆으로 시야가 탁 트여 드문드문 들어선 단독주택과 푸른 녹지가 한눈에 들어온다. 리조트에 온 것만 같다. 한국에서는 갑부가 아니고서야 이렇게 자기 집을 묘사할 수 있을 사람이 드물 텐데……. 인구밀도가 낮아 지대가 저렴한 동유럽 생활의 큰 장점이다(사실 이 나라 사람들은 자기들을 동유럽과 엮는 것을 불쾌해한다. 이에 대해서는 다음에 글을 따로 써보고 싶다).

딱 10년 전 우리 가족은 아버지의 연구년을 맞아 미국에서 생활한 적이 있다. 당시에는 집세가 저렴한 타운하우스에 살았는데, 마루 소파 옆에 부엌 식탁이 붙어 있고 그 사이에 나 있는 좁은 복도를 가로질러 다섯 걸음 걸으면 네다섯 평 되는 방 세 개가 올망졸망 모여 있는 구조였다. 나와 동생이 어렸을 때이니 생활하는 데에 그리 큰 불편함은 없었을 테지만 어머니, 아버지는 그 작은 집에서 알게 모르게 미국식 단독주택에 대한 동경 같은 것을 키운 것 같다. 한인교회 목사님 댁에 갈 때나 단독주택이 끝없이 이어진 오크우드라는 동네에 Garage Sale 구경을 갈 때면 '이런 것이 미국 중산층의 생활이지' 하며 그 특유의 주거형태를 사뭇 부러워하셨던 것 같다. '다음엔 정말이지, 서구식 단독주택에 한번 살아 보자' 마음속에 내심 각오를 품은 지가 10년이라는 것이 어머니의 회고다.

아버지 서재에서 바라본 자그레브의 겨울

　우리가 사는 이곳 크로아티아 집은 즐라트코라는 집주인 할아버지가 직접 지은 건물이다. 하얀 콘크리트 외벽과 군데군데 드러난 원목 기둥, 큰 창과 평평한 지붕이 담백하다. 삼각지붕과 다락방을 가진 주변의 전형적인 유럽식 주택과는 꽤나 구별되는 형태다. 대문 옆으로는 라벤더 덤불이 우거져 있어 초여름이면 벌이 끓기도 한다. 집 뒤쪽으로는 50평 정도 되는 뜰이 있는데 공작 시간에 쓰던 초록색 철사로 허리 높이까지만 담벼락을 만들어 놓아 옆집 마당이 훤히 보인다. 외출할 때면 옆집 현관에 나와 앉아 있는 할머니와 눈이 마주쳐 눈인사도 자주 하고, 저녁마다 시끄러운 저 집 개가 오늘은 또 무엇 때문에 짖는지 고심하며 시간을 때운다. 아, 물론 깜깜한 밤에도 그놈이 짖노라면 아마 고양이 때문이리라. 우리 마당에는 잔디가 빈 곳 없이 깔려 있고, 지면 가까이서부터 잎이 우거진 침엽수가 꽤 촘촘히 심어져 있어 고양이들이 따스하게 숨을 곳이 아주 많다. 아침에 일어나 침대에 가만히 누워 있으면 내 방 창문 앞을 사뿐히 가로지르는 몇 놈과 눈이 마주치기도 한다. 마당 곳곳에는 이놈들이 흔적을 남기는데, 특히 말라비틀어진 고양이 배설물은 정말이지 어떻게 할 도리가 없다. 마른 것을 쓸어버리려면 부스러져 버리고, 그렇다고 그때그때 치우자니 번거롭기도 하다. 사실 냄새가 그리 나는 것도 아니니까.

자그레브 대학 건축학부에서 학생들을 가르치다 은퇴한 집주인은 한 달에 한 번 월세를 받으러 온다. 날씨가 쌀쌀해진 뒤로는 코트를 걸치고 오는데 그품이 참 멋있는 노인이다. 그가 집을 지을 적에는 가족 개개인의 프라이버시를 소중히 하고자 집을 3층으로 크게 지었으나 아들과 딸이 장성해 각각 독립한 뒤로는 부부 내외도 작은 집으로 이사했다고 한다. 그들의 시간 그리고 우리 가족의 시간, 우리가 가고 그다음에 올 이들의 역사가 같은 공간에 겹치지 않고 중첩되는 것을 곰곰이 생각해 보면 참으로 재미있는 일이다. 특히 주방 식탁에 앉아 통유리 밖을 보고 있자면 시간의 흐름을 두 눈으로 느낄 수가 있다.

2층에 있는 부엌의 통유리 앞에는 단풍나무 한 그루가 가까이 서있다. 집 옆 공간의 샛길에 홀로 높다랗게 자리한 것을 보면 누가 일부러 심은 것이 분명한데, 가을이 되니 시뻘겋게 단풍 진 잎들이 유리 앞을 빼곡히 채워 색을 뽐낸다. 얼핏 보면 빨간색 그림을 가져다가 창문이 있어야 할 자리에 붙여 놓은 것 같은 착각도 든다. 이 단풍나무도 즐라트코 아저씨가 젊었을 때는 지금처럼 키가 크지는 않았을 터이니……. '단풍잎이 유리를 가득 채울 만큼 나무가 자란다면 그때 우리도 이 집을 떠나자' 하며 조용히 서로 손을 포개는, 주름 없던 주인집 내외를 상상해 본다. 그야말로 낭숭한이다.

가을 단풍이 멋진 부엌창문

안방에서 바라본 동네의 겨울

우리 가족은 사실 이 건물의 반만 쓴다. 나머지 반쪽은 루마니아 대사관 직원 가족들이 산다는데, 정작 나는 일 년간 딱 한 번 마주쳤다. 너무 가까우니 오히려 마주치지 못한다. 옆집 할머니가 훨씬 이웃사촌 같다. 옆집 얘기를 좀 더 하자면, 그곳 뜰에 자라는 거대한 소나무를 언급하지 않을 수 없다. 어찌나 큰지 그루터기에 '천하대장군'이라고 써 붙이기만 하면 장승이라고 해도 믿을 수 있을 거 같다. 자세히 보면 밑이 넓고 위로 갈수록 좁아지는 모양새나 군데군데 솔방울이 달려 있는 것이 크리스마스 트리 같기도 하다. 눈만 쌓이면 더더욱 그렇겠지. 얼마 안 남았다. 우리는 크리스마스 다음 날 비행기로 한국에 돌아간다. 떠나는 날 우리 하얀 집 대문 옆 저 소나무에 작은 크리스마스 장식 하나 달아 두고 가야겠다. 그렇게 크리스마스 트리와 우리 크로아티아 집은 해가 갈수록 기억들로 풍족해지는 게다.

(맹주성)

가족과 더 잘 소통하는 법

온 가족이 이곳 크로아티아에서 1년을 함께한다는 것은 행복하지만 한편으론 우리 모두에게 낯선 경험이다. 가족이라는 이름 아래 항상 함께 살았지만 각자의 일에 바빠 진득하게 시간을 같이 보낸 적이 많이 없기 때문이다. 어머니와 아버지는 평소에도 9시까지는 직장에 계셨고 나와 주형이는 (한국의) 학교를 다녔으니 그럴 수밖에. 더욱이 나는 기숙사가 딸린 대학에 입학해 공부를 하다 군대에 갔고 주형이 또한 타지에서 대학을 다니니 가족의 전통을 다 지기에는 시간적인 여유가 적었다. 한국에 돌아가서도 아마 상황이 그게 달라

산토리니 속소 마을 뒷산에서_어머니와 우리 형제.

지지는 않을 것이다. 주형이는 군대에 가고 아버지와 어머니는 직장에 복귀하고, 나는 대학을 졸업하고 공부를 계속하든 취업을 하든 하겠지. 그렇다면, 여기 크로아티아에 머무는 지금이 가족이 허심탄회하게 대화하는 '연습'을 할 마지막 기회일지도 모른다.

　매주 칼럼을 한 편씩 써 일요일에 읽는 편집 회의는 그래서 더 값지다. 크로아티아 생활을 갈무리해 한 권의 책을 쓰는 것이 엄연한 목표지만 오히려 이를 통해 가족이 더 가까워지는 것 같아 배로 만족한다. 글을 쓸 때면 자신의 솔직한 생각이나 감정을 비치는 것이 자연스럽고 이를 온 가족이 나눠 읽으니 서로에 대해 몰랐던 부분을 함께 채워 나갈 수 있어 괜히 뿌듯하다. 초기에는 서로의 글에 대한 비판에 다소간 무게가 치우쳐져 다소 매끄럽지 않게 진행이

되기도 했지만, 책으로 낼 글들을 다듬는 과정이거니와 각기 다른 의견 사이에서 취할 부분만 확실히 취하는 지혜를 터득해 가고 있는 중이다.

다만, 아직 얼굴을 마주하고 이런저런 대화를 나누는 것이 우리 가족에게 그리 쉬운 일은 아니다. 집이 넓은 것이 생각보다 큰 제약이다. 우리 가족은 각기 개인 생활에 대한 욕구나 만족도가 높은 편이기에 3층 집을 얻은 것은 돌이켜 봐도 참 잘한 결정이다. 다만 우리 모두 '나'를 표현하는 데에 그리 익숙하지 않기에 서로가 평소에 뭘 하며 시간을 보내는지 더 열심히 표현할 필요가 있다. 친구들과는 하루에도 몇 번씩 메시지를 주고받지만 정작 가족과는 체크리스트 통과하듯 대화할 때가 많다. '밥 먹었어?', '어디 가?', '누구 만나?'. 이런 질문을 받기 전에 먼저 자신의 하루에 대해 조금 더 오픈한다면 더 깊은 관계를 만들 수 있지 않을까?

글을 쓰기 전에 곰곰이 생각해 보니, 내가 생각하는 가족의 가장 큰 존재 가치는 서로가 서로를 변치 않고 지지해 주는 데에 있는 것 같다. 그러려면 가족에 대해 옳고 그름의 잣대를 내려놓아야 한다. 누군가가 무엇인가를 표현했다면 이를 공감해 주고 지지해 주는 것이 제일이다. 이 글을 쓰는 것이 누구보다 낯 뜨겁다. 누구나 하는 설교를 쓰는 것이 글의 원래 취지는 아니었는데…….

나는 자주 잘못이나 부정적인 감정에 대해 가족과 나누는 것을 꺼릴 때가 많은데, 가족이 무슨 내 페이스북도 아니고 행복한 것만 나눌 수는 없는 노릇이다. 먼저 솔직히 얘기하고 가족이 지지해 주기를 바라는 것이 더욱 눈치 안 보고 가족이 화합하는 길 아닐까? 이 글을 읽는 어머니, 아버지, 주형이에게도 이를 부탁하는 바이다.

(맹주성)

언제 한국이 그리운가

크로아티아에 온 지는 반년밖에 안 되었는데 한국이 그리운 지는 2년 반 정도 되었다. 군대에서 1년 9개월을 살고 나와 전역하고 12일 만에 이곳에 왔으니 얼추 2년 반이라는 계산이 선다. '살고 나왔다'라는 말을 쓰니 꼭 감옥에라도 다녀온 것처럼 들린다. 모쪼록 내년에 군대에 가는 주형에게 진심을 담아 위로를 전한다.

사실 3층 집에서, 삼시 세끼도 잘 먹고, 이따금 분에 겨운 보수를 받고 알바도 하며, 시험도 안 보고 사니 뭐 부러울 것이 있겠냐마는 그래도 이따금 한국이 그립다. 여기에는 없는 한국만의 것들이 분명히 있다.

나는 늦은 밤 샤워를 하고 나와 요구르트가 마시고 싶은데 그러지 못할 때 한국이 그립다. 한국에서라면 설령 그때가 새벽 3시라도 슬리퍼를 끌고 문을 나설 힘만 있다면 걱정 없다. 우리에겐 편의점이 있다. 그뿐이랴, 간 김에 전자레인지용 냉동 족발도 하나 사면 금상첨화다. 꾸벅꾸벅 졸다가 나 때문에 억지로 깨어 있는 알바생에게 따뜻한 쌍화차 한 병 더 계산해 쥐어 주면, 뭐랄까 사람 사는 맛도 느낀다. 이해관계로 얽히고설킨 도시의 삶 속에서 괜스레 이탈하는 기분이다.

이곳에서는 얘기가 다르다. 모든 것을 미리미리 준비해야 한다. 나같이 즉흥적인 사람에게는 최악이다. 제철 채소와 과일, 혹은 육류는 오후 3시면 문을 닫는 돌라츠 시장이 싸다. 늦더라도 오후 9시 전에는 콘줌 등 대형마트에 자동차를 타고 나가 사 와야 한다. 어디를 가더라도 발 닿을 거리에 24시간 편의점이 있는 것은 큰 축복이다. 누군가는 대가족의 붕괴와 그로 인한 1인 가구의 비율 증가, 비정상적인 노동시간 등이 편의점 매출의 증가와 직결된단

자그레브에 있는 두 개 중국집 중 하나_
참 자주 갔다. 그만큼 음식이 그리웠다.

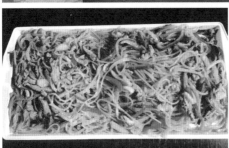

주성이가 직접 만든 잡채_자그레브 국제
학생 요리대회에서 2등을 했다.

다. 밤늦게 불 밝힌 편의점 유리 너머가 서글프단다. 유럽에 와서 반년만 살아
보라지. 편의점은, 아무도 무언가를 보장해 주지 않는 현대 사회에서 언제나
나를 기다려 주는 공간이다. 불확실과 맞서 싸우는 우리에게 짧지만 분명한
환희와 안식의 공간이다.

이따금 군대 동기들과 전화할 때면 한국이 그립다. 2년 가까운 기간 울타리
너머의 삶만을 동경하며 갇혀 있었다. '우리 나가면 소주 한잔 하는 거다!' 새
벽바람 맞으며 경계 근무를 같이 서던 현석이라는 친구가 특히 생각난다. 어

느 날인가 보름달이 뜬 새벽, 둘이 멍하니 서 있다가 서로 감상에 젖은 모습을 놀렸었는데. 그는 보름달을 보고 헤어진 여자 친구의 볼 언저리가 생각난다고 했다. 그렇듯 여러 번 '밖'의 일을 되뇌었는데, 정작 전역한 지 2주도 채 안 돼 나는 이곳에 왔다. 누군가는 일부러 오는 유럽에서 군대 기억이나 더듬고 있다니. 평생 무언가를 그리워하는 것은 어쩔 수 없는 일인지도 모른다.

현지 음식점에 가서 구운 고기를 실컷 먹고도 어딘가 뒷맛이 꺼림칙할 때 한국이 그립다. 여행하고 집으로 돌아올 때 우리 가족이 빼놓지 않고 얘기하는 것이 먹고 싶은 음식이다. 삼겹살에 구운 김치, 차돌박이 넣고 끓인 된장찌개, 제육볶음, 들깨수제비, 겉절이와 칼국수, 순대국밥, 곱창……. 상상만으로 상다리 부러지게 차려 낸다. 군대를 전역하고 내가 겪은 가장 큰 변화 하나는 서양 음식점에 가서도 은연중에 한식을 그리워하는 습관이다. 비싼 돈 주고 해외여행을 와서 한식 타령을 하는 아저씨들을 보면 전혀 이해할 수가 없었는데. 나 또한 이렇게 아저씨가 되는 것인가?

그리워하는 것을 한참 써 내려가니 조금 덜 그립다. 문득 기숙사 방에 홀로 앉아 크로아티아를 그리워할, 복학 이후의 저녁이 그리 머지않았음을 직감한다.

(맹주성)

모이돔(위치: Ul. Ivana Tkalčića 24, 10000, Zagreb)

10800km. 서울과 자그레브 사이의 거리이다. 이렇게 먼 타지에서 한국 사람을 만나 교류할 수 있다는 것은 사실 엄청나게 큰 행운이다. 난 그 행운을

맹씨 가족의 **크로아티아** 365일

어느 한인민박 집에서 얻을 수 있었다.

사람들과의 만남의 허브가 되어 줬던 모이돔은 트칼치체바에 위치한 한인 민박이다. 한인 교회에서 만나 알게 된 이민승 씨가(이하 민승이 형) 하는 민박집인데, 나와 형이 그곳으로 몇 번 놀러 가면서 친해지게 되었다. 처음엔 같이 자그레브 가이드 사업을 진행하기 위해 모인 것이었으나, 이 모임은 시간이 흐름에 따라 민승이 형과 우리 형제의 관계를 넘어 크로아티아의 삶과 나의 관계로 확장되었다.

우선 모이돔에서 근무하고 있는 '미니'라는 친구랑 친해지게 되어 크로아티아의 삶 속으로 한 걸음 내딛을 수 있었다. 그 친구랑 어울려 다니면서 미니 친구들도 알게 되고, 미니가 케이팝을 좋아해서 같이 크로아티아 케이팝 파티도 가 보았다. 집에만 박혀 있던 내가 이런저런 공원이나 맛집도 가게 되면서 자그레브를 경험하는 시간을 가질 수 있었다. 또한 미니와의 대화와 한국어 레슨을 통해서 크로아티아인들에 대해서 좀 더 자세히 알 수 있었다. 무엇보다도 마음씨 여리고 따뜻한 미니라는 친구를 만날 수 있어서, 모이돔에 감사한 마음이 드는 요즘이다.

또한 모이돔은 자그레브의 한국 관광객과 나를 연결해 주었다. 난 자그레브에서 활동했던 초짜 한인 가이드였다. 그렇기에 손님들이 투어가 있다는 것 자체를 모를 수도 있는 상황이었다. 이런 상황에서 모이돔은 전폭적으로 나를 지지해 주었다. 모이돔에 오는 손님들에게 내 투어를 소개해 줘 가이드를 시작할 수 있게 해 준 것이다. 어느 정도 경험이 쌓이고 난 이후에도 계속 손님들을 소개해 주어 자그레브의 베테랑 가이드로 자리매김할 수 있었다.

결론적으로 모이돔은 단순히 한인 민박으로서 기능하는 차원을 넘어, 크로아티아에서 내 일상을 채워 준 공간이라고 할 수 있다. 낯설게 느껴졌던 나들

이해해 주고, 항상 갈 때마다 맛있는 음식과 따뜻한 마음을 얻어갈 수 있었던 공간. 이 공간이 나뿐만 아니라 여행을 오는 모든 이들에게도 적용될 것이기에, 당신이 언제 그곳을 찾아가든 모이돔은 따뜻한 보금자리가 되어 줄 것이다. '모이돔'이라는 말 자체가 크로아티아어로 '나의 집'을 의미하듯이.

(맹주형)

자그레이브에서 가이드로 산다는 것

"나 또한 너에게 말한다, 너는 베드로라. 내가 이 반석 위에 교회를 세우리니, 음부의 권세가 이기지 못하리라."

'유로자전거나라'의 바티칸 투어를 들으며 소름이 쫙 끼친 순간이다. 바티칸에 위치한, 세상에서 가장 큰 성당인 성 베드로 성당 안에서 가이드가 라틴어로 새겨진 문장을 읽어 줄 때였다. 문장 하나일 뿐인데, 가톨릭교회의 초대 교황이 느꼈을 경외감, 책임감, 그리고 가늠할 수 없는 믿음의 크기가 한순간에 느껴졌다. 그저 감탄을 넘어, 나도 다른 사람들에게 이 '소름끼침'이라는 느낌을 전달해 주고 싶다는 생각을 하게 한 순간이었다.

그래서 나는 자그레브에서 가이드를 시작하게 되었다. 자그레브에 관한 공부는 이렇게 하였다. 기본적인 정보를 인터넷에서 검색한 후 대략적인 뼈대를 만들고, 그 후 풍부하게 살들을 붙이기 위해서 자그레브 관광청에서 내놓은 안내 책자, 가톨릭 사전, 지금껏 참여했던 투어들에서 들었던 지식들을 종합하여 노트에 써 내려갔다.

6. 맹씨 가족의 일상 in 크로아티아

공부를 하다 보니, 성당이나 분수 등 그 자체적인 역사에 대해서만 알면 되는 것이 아니라, 가톨릭이 그 당시 어떤 상황을 맞이하고 있었는지, 그 안에 담긴 여러 가지 의미들은 무엇인지 등 꼬리에 꼬리를 물고 모르는 것이 자꾸 생겼다. 예를 들면 건물에 들어간 고딕 양식에서 이 부분은 어떤 것을 상징하는지, 신학적으로는 어떤 해석을 내놓을 수 있는지, 자그레브 대성당 안 밀랍인형에 새겨진 문장은 어떤 의미를 담고 있는 것인지 등에 대해서도 알아야 하기에 전반적인 가톨릭에 대한 이해가 필요했다. 생각했던 것보다 많은 공부량을 필요로 했기에, 바티칸에서 우리를 안내해 준 '유로자전거나라' 가이드가 얼마나 많은 공부를 했을까 새삼 느꼈다.

가이드의 자질은 얼마나 잘 알고 있느냐보다 얼마나 잘 설명할 수 있느냐에 달려 있다. 즉, '소름 끼치게' 만드는 것은, 잘 알고 있느냐의 문제보다 얼마나 잘 설명할 수 있느냐에 따른 것이었다. 그냥 생각나는 대로 하는 설명이 아니라, 문장 하나하나에 신경을 써야 소름을 돋게 할 수 있기 때문이다. 나도 가이드를 할 때 그런 부분을 되도록이면 하나 만들려고 노력했다. 그러던 중 9월에 오신 손님 중에 한 분을 소름 돋게 하는 데 성공했다. 예배당 안의 '스테인드글라스'에 대해 설명하고 있을 때였다. 유리창에 성서의 이야기들을 집어넣음으로써 천국의 아름다움을 나타내고, 성당 안에 들어와 있는 순간만이라도 천국과 가장 가까이 있음을 느끼도록 스테인드글라스가 만들어진 것이라고 설명드리자, 감동받으신 표정으로 눈가가 촉촉해졌다. 그때 느낀 묘한 희열은 지금도 잊을 수가 없어서, 다른 것들을 설명할 때도 그런 표정이 나올 수 있게끔 결국은 더 많이 공부하고 연구해야겠다고 생각했다.

그렇게 5월 중순부터 10월 말까지 가이드를 하면서, 다양한 연령대와 직종의 사람들을 만났다. 초등학교 교사에서부터 여행 작가, 파워 블로거, 모델,

대학교 교수에 이르기까지 많은 사람들을 만나면서 쌓았던 경험과 추억은 지금뿐만 아니라 먼 훗날 돌이켜 보았을 때도 아련한 추억으로 남을 것 같다. 내 투어를 이용해 아련한 추억을 만들어 주신 모든 분들께 감사드리는 요즘이다.

(맹주형)

크로아티아 광고에 출연하기

크로아티아에서 한국인으로 살다 보면, 한국에서라면 전혀 경험해 보지 못할 것들을 접할 기회가 많이 생기는데, 그 대표적인 예가 광고의 엑스트라로 출연하는 것이다. 워낙에 크로아티아에 사는 아시아인들이 적기 때문에, 따로 엑스트라로 출연할 사람들을 구하기가 쉽지 않아 일반인 아시아인들을 구하는 것이다. 그렇게 나는 1년 동안 크로아티아에서 살면서 코카콜라 광고 한 번, 라이파이젠뱅크 광고 한 번, 총 두 편의 광고에 엑스트라로 출연하였다. 크로아티아에서 완전한 백수 생활을 하던 나는 사실상 그냥 돈을 준다기에 넙죽 광고 촬영에 응한 것이었지만, 두 편의 광고를 촬영하는 동안 잠시나마 크로아티아인들의 여러 다른 성격을 엿볼 수 있었다.

첫 번째로 보게 되었던 건 그들의 근성이었다. 새벽 2시에 자그레브에서 출발하여 아침 8시에 촬영 현장에 도착한 후 휴식 없이 바로 진행되었던 일정이었다. 엄청나게 좋은 날씨와 멋있는 풍경이 있는 시베니크Šibenik에서 촬영하였지만 시베니크 주변은 하나도 구경하지 못하고 처음 출발할 때의 기대와는 다르게 피곤한 상태로 자그레브로 놀아왔다. 제대로 쉬지도 못하고 제대로 먹

주형, 단독 인터뷰를 하다.

지도 못했는데, 끝날 때까지 촬영을 꿋꿋이 이어 나가는 부분에서 이들의 남다른 근성을 느꼈다. 이날 해는 쨍쨍 내리쬐는데, 마술쇼라는 광고 콘셉트에 맞추기 위해 일반 콜라가 다이어트 콜라로 순식간에 변하는 똑같은 장면을 속으로 수십 번 욕하며 재촬영했던 것이 기억에 남는다.

두 번째 라이파이젠뱅크 광고 촬영 때는 크로아티인들의 여유로움을 느낄 수 있었다. 이 광고의 콘셉트는 "딱 한 사람 빼고 세계 모든 사람들이 다 이 은행을 이용하는 것"이었기에 모든 사람이 그 은행을 사용하지 않는 여자를 두고 신기하게 바라보는 구도를 연출하는 것이 목표였다. 감독이 연출 장면을 구상할 때 엑스트라들을 모아 놓고 각자의 의견을 물어보았으며, 엑스트라나 배우나 출연진 모두가 똑같은 음식을 먹고 같은 대우를 받았다. 또한 감독이 소소한 부분에서 유머를 날리는 등 여유로운 태도로 서로를 존중하는 분위기 속에서 촬영을 하였다.

물론 두 광고를 촬영하며, 쉬운 장면을 몇 시간이고 NG를 내면서도 계속해서 농담 따 먹거나 하고 있는 배우들을 볼 때나, 엑스트라가 딱히 필요 없는

236

맹씨 가족의 **크로아티아** 365일

은행 광고 촬영장_앞의 두 여성이 주인공이다.

광고 촬영장에서 중국인 친구 써니와 주형

부분임에도 불구하고 대기를 시킬 때 등은 굉장히 짜증도 나고 힘들었다. 하지만 지금 생각해 보면 크로아티아인들의 성격을 가장 가까이서 볼 수 있었던 기회가 아니었나 싶다. 항상 해변가에 선글라스를 쓰고 누워 있는 모습만 보다가 실제로 자신의 일에 임하는 모습을 보니 새삼 이들이 다르게 보였고, 우리와 똑같은 섬노, 나른 짐노 많은 사람들이라는 깃을 다시 한 민 깨닫게 되었다. 크로아티아에서 살 기회가 있다면, 한번쯤은 엑스트라로 광고 촬영에 참여해 볼 만하다.

(맹주형)

크로아티아인에게 한국어 가르치기

"조용히 홰." "입 다무뤄."

크로아티아에서 사귄 크로아티아인 친구 미니는 케이팝을 좋아한다. 그러다 보니 자연스레 한국말을 배우게 되었고, 할줄 아는 말 중 가장 잘하는 말은 "입 다무뤄"이다.

나는 매일같이 "입 다무뤄"라고 말하는 미니와 친해졌고, 그 친구가 한국말을 할때마다 웃다가 결국엔 한국말을 가르쳐

크로아티아 친구 미니

주게 되었다. 크로아티아에 있는 동안 좋은 경험을 쌓을 수 있고, 내가 한국말을 가르치는 대신 그 친구는 나에게 크로아티아어를 가르쳐 주기로 했기 때문이다. 오늘은 설레는 첫 수업 날이다.

첫 수업 전날 이왕 가르쳐 주는 김에 제대로 하고 싶어서 커리큘럼과 서명서 등을 만들기 시작하였다. 사실 한국어를 그냥 당연시 써 오기만해서 "어떻게 가르치지?"라는 의문점에 부딪히니 막막했다. 인터넷에서 자료를 찾기에는 너무 시간이 오래 걸릴뿐더러 어려운 내용투성이었다. 그래서 노트북을 접

고 생각에 잠겼다.

우선 내가 한국어를 어떻게 배웠나부터 생각했다. 아주 아득한 이야기지만, 어렸을 때 어머니가 거울이나, 책상, 의자 같은 곳에다가 이름이 써 있는 스티커를 붙여 놓고 나에게 읽게 하셨던 기억이 떠올랐다. 더 자라 초등학교에서 눈물의 받아쓰기를 했고, 각종 상황 속에서 대화하고 여러 가지 책들을 읽으며 언어를 배웠다. 미니에게도 이와 똑같은 방향으로 가르치려고 했다. 기본적인 단어들을 먼저 알려 주고 그다음 시제 등을 가르치며 받아쓰기를 진행하기로 했다. 기본적인 문장들을 읽고 말할 수 있는 수준이 되면 다양한 접속사들을 가르쳐서 여러 문장들을 이을 수 있게 하고, 억양과 속담을 익히게 하여 문장이 풍부해지도록 계획을 짰다. 또한 실전 연습들을 할 수 있게 각종 상황(호텔, 공항, 레스토랑 등)들을 설정하려고 했다. 이렇게 함으로써 미니가 한국에 가서 어려움 없이 한국말을 사용하며 다닐 수 있게 하는 것이 나의 목표이다.

하지만 말을 시냇가로 데려가는 것은 할 수 있어도 물을 먹는 것은 말이 해야 하듯이, 내가 미니에게 아무리 열심히 가르치려고 한들 미니가 열심히 하려 하지 않으면 모든 것은 말짱 도루묵이 되고 말 것이다. 사실 현재까지 각 잡고 수업을 한 적이 한 번도 없어서 앞으로 어떻게 될지 정말 불안하기는 하지만, 가르치면 가르칠수록 나아지는 한국어를 볼 수 있다는 생각에 설레기도 하고 뿌듯할 것 같은 느낌이 든다. 미니가 앞으로는 좀 더 수업에 성실히 임해서 내 노력들을 알아줬으면 좋겠다!

(맹주형)

한글의 이해와 숫자 말하기	자음과 모음의 확연한 이해/숫자의 이해/free talking 20분
기본적인 단어 알기-1 (Basic Vocabulary)	free talking/동물 관련 단어/시간과 관련한 단어/색깔 단어
기본적인 단어 알기-2 (Basic Vocabulary)	free talking/직업 관련 단어/가구별 단어/방향 관련 단어
기본적인 단어 알기-3 (Basic Vocabulary)	free talking/식재료 단어/식기구 단어/날씨 관련 단어
기본적인 단어 알기-4 (Basic Vocabulary)	free talking/감정과 관련한 단어/국가 이름 단어
현재시제(present tense)	free talking/현재시제 설명 + 받아쓰기
과거시제(past tense)	free talking/과거시제 설명 + 받아쓰기
현재&과거 문장 만들기	free talking/현재&과거 50문장 만들기 feat. 접속사
미래시제 (future tense)	free talking/미래시제 설명 + 받아쓰기
미래시제 (future tense)	free talking/미래시제 문장 만들기 + 받아쓰기 feat. 접속사
Midterm Test	free talking/midterm
Lesson1~10 review	free talking/Lesson1~10 review
접속사	free talking/접속사 설명 후 문장 만들기+받아쓰기
억양 배우기(Intonation)	free talking/사이트 참조해서 읽으며 억양 배우기
속담 배우기/사자성어 (Korean sayings)	free talking/속담 사이트와 사자성어 사이트 참조
상황별 대화 -1 (cases of conversation)	free talking/레스토랑, 지하철, 병원
상황별 대화-2 (cases of conversation)	free talking/호텔, 공항, 택시
실생활에서 쓰이는 단어 (Casual vocabulary)	free talking/내가 기본적으로 실생활에서 쓰는 단어
Final	Free talking, 감정 말하기 +영화 보기

직접 만든 한국어 커리큘럼

트램 무임승차

  유럽의 대중교통과 한국의 대중교통의 가장 큰 차이점은 바로 트램의 유무다. 트램이란 지상에서 도심 내부를 가로지르는 전철이라고 보면 된다. 차에 오를 때 따로 표 검사를 안 해서 하루에도 무수한 무임승차자가 드나든다. 나 또한 한때 무임승차자였다.

  때는 바야흐로 햇살이 따스하게 자그레브를 내리쬐던 5월 2일, 오후 4시경이었다. 난 항상 그 시간 즈음에 크로아티아어 수업을 끝마치고 트램을 타고 집에 갔는데, 그날도 특별할 것 없이 정류장에서 트램을 기다리고 있었다. 트램을 타기 위해선 트램 카드에 돈이 충전되어 있어야 하거나 기사에게 티켓을 구매해야 한다. 그때 당시 카드에 돈이 충전되어 있지 않아서 티켓을 사야 했다. 하지만 인간은 금지된 것을 욕망한다고 했던가. 갑자기 무임승차가 하고 싶어졌다. 어차피 나 이외에도 수백 명이 무임승차를 하는데, 내가 한 번 티켓 안 산다고 뭐 달라질 게 있겠냐는 생각으로 도도하게 티켓을 사지 않고 자리에 착석했다. 그렇게 나는 앞으로 다가올 일을 전혀 예상하지 못한 채 도도하게 자리에 앉아 친구와 전화로 신나게 수다를 떨었다.

자그레브 트램 티켓_90분 탈 수 있는 자유이용권이 10쿠나 정도다. 티켓은 거리의 담배 가게나 기사에게 직접 산다.

  "툭툭" 갑자기 뒤에서 어깨를 두드리는 소리에, '설마' 하며 돌아본 나는 'ZET'라는 글씨가 새겨진 옷을 입은 백발의 할아버지를 볼 수 있었다(ZET는 크로아티아 트램 회사이다). 표를 확인할 테니 가지고 있는 표나 카드를 달라는 것이었다. 할아버지

일반적인 트램 내부 풍경_이곳에서도 노약자가 타면 젊은이들이 자청해서 자리를 양보한다.

의 표정은 포커페이스였다. 도망치기엔 트램은 너무 빨리 달리고 있었고 내 심장은 그만큼이나 요동치기 시작했다. '외국인인 주제에 고작 얼마 한다고 트램 티켓도 안 사고 무임승차를 하다니! 완전 어글리 코리안이 되는 것이 아닌가!' 이런 생각들이 번갯불처럼 머리를 스쳐 지나갔다. 하지만 나 또한 포커페이스를 유지한 채, 세상에서 제일 순수하고 무고한 표정으로, 그리고 아주 뻔뻔한 표정으로 할아버지를 바라봤다.

그리고 생각했다. 나에게는 세 가지 옵션이 있다. 첫 번째, 지갑에 있는 이미 사용한 티켓을 보여 준다. 두 번째, 충전하지 않은 트램 카드를 보여 준다. 세 번째, 바보 외국인 행세를 하며 머리를 긁적이고 기사에게 가서 티켓을 산다. 나는 어떤 선택이 조금이라도 나의 부끄러움을 달랠 수 있을 것인지 생각했고, 결국 두 번째 대안을 선택하고 말았다. 어떻게 보면 제일 바보 같은 선택

맹씨 가족의 **크로아티아** 365일

이었다. 그 잠깐의 부끄러움을 면하자고 트램 카드를 줘 버리면 내 정보는 물론이고 일부러 트램 카드를 충전 안 한 것을 인정해 버리는 것 아닌가! 하지만 어쩔 수 없었다. 가방에서 지갑을 꺼내 트램 카드를 건넬 때까지는 세상에서 제일 도도한 표정으로 있을 수 있었으니까.

"드르륵 득" 검표원 할아버지가 내 카드를 리더기에 긁더니 갑자기 긴 영수증 같은 것을 출력하여, 나에게 건네준다. 그걸 건네줄 때 날 바라보던 사악한 미소는 지금도 잊을 수 없다. 집에 와서 해석해 보니, 벌금 250쿠나를 내라는 것이었다. 가만히 책상에 앉아 생각해 보니, 어찌 보면 당연히 내야 할 벌금이고 100퍼센트 내 잘못이었다. 하지만, 곧 꾀를 생각해 내었다. 나는 이 나라에서 세상 물정 잘 모르는 외국인이고, 그렇기에 어느 정도 경미한 실수는 넘어가 주는 사람들의 인식을 이용해 보기로 했다.

벌금 딱지의 마지막을 읽어 보니 벌금에 대해 이의가 있으면 명시된 이메일로 항의하라고 적혀 있었다. 호오! 이렇게 이메일 주소까지 적어 둔 이상 고객을 상담하는 팀이 있다는 것이고, 그럼 좀 더 일이 수월하게 진행될 수 있을 거라 생각했다. 그렇게 해서 나는 마치 셰익스피어도 울고 갈 문학성을 집어넣어 하나의 소설로 만들어 버렸다. 당일 나는 집에서 어학원에 갈 때는 트램 티켓을 샀었고, 검표 당시 기사가 운전하고 있는 첫 번째 열차 안에 앉아 있었다. 그리고 어학원 앞 트램 정류장은 한 번에 엄청나게 많은 학생들이 타는 곳이다. 이것만으로도 억울한 상황을 만들기에 충분했다.

'집에서 어학원에 갈 당시 티켓을 가지고 있었기에 나는 무임승차나 하는 찌질이가 아니며, 티켓을 사기 위해 트램 첫 번째 칸에 탔지만 사람들이 너무 많아서 조금 빠질 때까지 기다리는 중이었다. 근데 갑자기 영어를 못하는 검표원이 와서 크로아티아어로 말하며 내 트램 카드를 가져갔다. 나는 억울하다

라는 스토리를 만들어 트램 회사의 이메일로 보냈다. 이메일을 보내고 크로아
티아 친구들에게 내가 쓴 이메일을 보여 주며 트램 회사 쪽에서 어떻게 반응
할지에 대해 물어보았다. 대부분의 친구들은 "안 될 듯", "ZET가 호구냐"라는
식의 반응을 보였다. 하긴 내가 이 사건을 맡은 담당자였어도 '거짓말을 그럴
듯하게 했구나, 하지만 이런 놈들이 한둘이냐?' 정도로 생각하며 무시해 버릴
것 같았다.

하지만 ZET는 호구였다. 내 제안을 받아 준 것이다! '귀하의 상황을 고려하
여, 우리는 당신에게 부과한 벌금을 철회하겠습니다'라는 답장이 왔다. 하루
종일 벌금 자금을 어떻게 마련할까 고민 중이었던 나에게는 정말 다행인 소식
이었다. 만약 이들이 철회하지 않고 그래도 벌금을 내야 된다고 말했다면 아
마 이 에피소드를 이 책에 적을 수 없었을 것이다. 피 같은 돈이 없어진 순간

한국에서 온 주성 친구 도한_이런 짐을 가
지고 있으면 주목을 받을 수밖에 없기에 탑
승하자마자 트램 티켓을 사는 것이 좋다.

이었을 테니까. 어느 정도 마음을 진정시킨 후 이 사건에 대해 되돌아보게 되었다. ZET는 호구가 아니었다. 모니터 너머로 보이는 나의 초조함을 엿본 것일까? 이미 내 상황을 예측하고 있었고, 그렇기에 관용을 베풀어 준 것이다.

사실 동양에서 크로아티아까지 온 20살짜리 새파란 외국 놈에게 너무 가혹하게 벌금형을 때리는 것이 아닐까 하는 생각을 하지 않았나 싶다. 크로아티아이기에 가능했던 방법이었다. 한국이었다면 어림도 없었을 것이다. 모니터 너머로 보이는 그 담당자의 '모든 것을 알고 있는 미소'를 상상해 볼 때 크로아티아인들의 인간미를 볼 수 있었던 사건이라고 말하고 싶다. 하지만 다시는 온라인으로 마주하고 싶지 않았기에 이 사건 이후로 나는 아주 철저하게 티켓을 사고 트램 카드를 충전하고 다녔다. 도도한 미소를 잃지 않기 위해서.

(맹주형)

잔디에 누워 있기

유럽에 사는 재미 중 하나는, 어떤 단어를 연상했을 때의 이미지가 서서히 '유럽스러운' 것으로 바뀌는 순간을 발견하는 것이다. 예컨대, '커피'를 연상하라는 요청에 믹스 커피 위에 뜨는 자잘한 거품을 떠올리던 이도 유럽에 10년간 살다가 같은 질문을 받는다면 높은 확률로 흑갈색 에스프레소를 그릴지 모른다.

기껏해야 유럽에 온 지 반년이 조금 넘었다지만 나에게는 '공원'이라는 단어가 그렇다. 한국의 공원을 연상하라면 밝거나 낭만적인 광경을 떠올리기 어려웠다. 드문드문 떨어져서 제자리를 밝히는 주홍 가로등, 그 아래 벤치에서 캔

맥주를 마시는 아저씨들, 세월처럼 덮인 살을 팔뚝에서 털어 내며 위태롭게 걷는 아줌마들. 어릴 때는 친구들과 자주 놀러 가곤 했지만 성인이 된 이후로는 공원에 간 기억이 없다. 그래서인지 공원을 떠올리면 아이의 시선으로 올려다본 희미한 저녁 즈음의 그림이 그려졌다.

유럽에 와서는 좀 다르다. 굉장히 능동적으로 공원을 즐기고 있다. 특히 '잔디 눕기'의 로망을 열심히 실현하고 있는데 그 맛이 참 좋다. 시내의 중심인 옐라치치 광장에서 걸어서 3분 거리에 있는 즈리네바츠Zrinjevac라는 공원이 특히 잔디가 넓게 조성되어 걷다가 털썩 눕기에 좋다. 정사각형 모양의 공간에 열십자 형태로 길이 나 있고 200여 그루의 장대 같은 플라타너스 나무가 길을 따라 심어져 있다. 1800년대 후반에 이탈리아에서 통째로 수입해 왔다는데, 서로 멀찍이 서서 닿을락 말락 하는 모습이 헐거운 울타리 같다. 매끈한 밑동에서 5m는 위를 올려다봐야 나뭇잎이 보이는데, 옆을 거닐 때면 초록색 차양 아래를 걷는 기분도 든다.

길 외의 공간은 전부 푸른 잔디밭인데 남들 눈치 안 보고 누워 있다 보면 시간 가는 줄 모른다. 책도 읽어 보려 했지만 누워서 두 팔을 펴 책을 들자니 영 어색하고, 엎드려 누워 팔꿈치로 땅을 딛고 있는 것도 영 불편하다. 내 생각에, 공원에 누워 책을 읽는 대다수의 사람들은 분명히 독서하는 척을 하려고 그러고 있는 것 같다. 5분도 안 돼 팔이 저려 오는데, 집중한다는 것은 말이 안 된다.

'잔디를 밟지 마세요' 같은 경고문은 아직까지 보지 못했다. 그도 그럴 것이, 잔디밭이 있는 곳마다 팻말을 붙이자면 애먼 세금을 무지하게 써야 할 정도로 푸른 공간이 도심 곳곳에 참 많다. 특히 자그레브는 도심 중심에 있는 8개의 공원으로 유명한데 이 공간들이 뒤집어진 말발굽 형태의 모양으로 도심을 감

잔디가 넓어서 참 좋았던 즈리녜바츠 공원_잔디에 누워 있는 수많은 자그레브 시민들.

즈리녜바츠 공원에 자주 출몰하던 키다리 아저씨_진짜 키는 몇 cm일까?

싸듯 이어져 있어 어디를 걷든 푸르른 공원을 옆에 낀 형태이다. 1800년대 후반의 도시 기획자 이름을 따 레누치의 말발굽Lenucci's Horseshoe이라고 부른단다. 이곳 사람들에게는 너무 익숙한 것이어서 젊은 애들은 이마저도 관심 없을 테지만.

햇살 좋은 오후면 돗자리도 없이 털썩 주저앉아 맥주를 마시거나, 비키니 차림으로 선탠을 하는 사람들이 참 많다. 이렇게 공원을 온몸으로 즐기는 이들 틈에 슬며시 자리 잡고 앉는 것은 기분 좋은 일이다. 그러고 있다 보면 괜스레 낭만적인 유럽 남자가 된 것 같아 웃음이 난다. 처음 이곳에 왔을 때는 여행자처럼 쭈뼛거렸는데 이제는 옛날 일처럼 느껴진다. 남의 눈치 보지 않고 시간의 흐름을 온몸으로 느꼈던 이곳의 공원. 한국에 돌아가더라도 언제든 거뜬히 떠올릴 수 있을 것만 같다. 그만치 푸르른 기억이다.

(맹주성)

또 찾아가고 싶다, 아름다운 나라 크로아티아

남편은 직장으로 나는 약국으로 큰애는 학교로 그리고 둘째는 군에 입대를 했다. 같이 장을 보고 음식을 만들고 와인(크로아티아는 와인이 맛있고 저렴하다)을 곁들여 식사를 하고 여행일정을 상의하고 영화를 같이 보는, 자그레브에선 지극히 일상이던 일들이 한국에선 상당히 힘든 일이 되어 버렸다. 왜 그렇게 바쁘게 살아야 하는지…….

그래서 책을 만드는 일이 자꾸 뒤로 밀려났다. 글을 다듬고 수정하고 사진을 선별하는 일련의 작업들이 오래 걸렸고 사실 힘들기도 했다.

그래도 책을 만든다고 크로아티아에서 써 둔 일기와 갤러리에 저장되어 있던 사진들을 다시 들여다보니 즐거웠던 기억들이 새삼 떠올랐다. 자그마한 뜰이 있던 자그레브 우리 집, 크로아티아에서 맛 들인 야들야들한 명이나물과 납작복숭아, 저녁 무렵이면 집집마다 굴뚝에서 피어오르던 나무 타는 연기와 매캐한 냄새, 불 맛이 느껴지던 체밥치치와 원 없이 먹었던 루콜라, 옐라치치 광장의 노천카페와 순하디 순한 곰처럼 커다란 강아지들, 교회 가던 길의 오래된 골목들, 파란색의 트램들, 그리고 참으로 순수하고 친절했던 크로아티아인들.

기회가 된다면 다시 꼭 찾아가고 싶다.
아름다운 나라 크로아티아.

1년 동안의 우리 이야기를 책으로 엮을 수 있게 도와주신 푸른길 출판사 직원분들에게 깊은 감사를 보낸다.

(이혜정)